Rakesh Kumar Sharma

Medicamentos antimaláricos à base de plantas

Rakesh Kumar Sharma

Medicamentos antimaláricos à base de plantas

Imprint

Any brand names and product names mentioned in this book are subject to trademark, brand or patent protection and are trademarks or registered trademarks of their respective holders. The use of brand names, product names, common names, trade names, product descriptions etc. even without a particular marking in this work is in no way to be construed to mean that such names may be regarded as unrestricted in respect of trademark and brand protection legislation and could thus be used by anyone.

Cover image: www.ingimage.com

This book is a translation from the original published under ISBN 978-620-2-07064-5.

Publisher:
Sciencia Scripts
is a trademark of
Dodo Books Indian Ocean Ltd. and OmniScriptum S.R.L publishing group

120 High Road, East Finchley, London, N2 9ED, United Kingdom
Str. Armeneasca 28/1, office 1, Chisinau MD-2012, Republic of Moldova, Europe
Printed at: see last page
ISBN: 978-620-8-25092-8

Copyright © Rakesh Kumar Sharma
Copyright © 2024 Dodo Books Indian Ocean Ltd. and OmniScriptum S.R.L publishing group

ÍNDICE

CAPÍTULO 1

<u>INTRODUÇÃO</u>

O termo malária vem de 'mal' 'aria', ou seja, mau ar. Os romanos notaram que ficavam doentes quando passeavam ao ar livre durante a noite. Há cerca de 100 anos, o Dr. Ronald Ross, um médico britânico em Hyderabad, na Índia, descobriu que os mosquitos transmitiam a malária. Começou por reconhecer que o pigmento preto associado à doença humana também estava presente no intestino do mosquito e, mais tarde, demonstrou que, quando os mosquitos infectados picavam as galinhas, a doença era efetivamente transmitida. Pelos seus estudos, recebeu o Prémio Nobel da Medicina de 1902.

A malária continua a ser uma das doenças tropicais mais graves em muitas partes do mundo. A situação da malária está a deteriorar-se em muitas áreas, prejudicando a prevenção e o tratamento da doença, apesar das grandes campanhas de controlo. A resistência do parasita da malária aos medicamentos antimaláricos está a aumentar e a generalizar-se. [1] A incidência da malária relacionada com viagens está a aumentar, especialmente em visitantes de países africanos endémicos. [2,4,6,8]

A erradicação da malária no Centro-Oeste dos Estados Unidos foi conseguida (i) criando peixes que comiam larvas de mosquito e (ii) aumentando o nível de vida. A fêmea do mosquito Anopheline é altamente prevalente no sul dos Estados Unidos. Assim, o aparecimento de parasitas resistentes aos medicamentos noutros locais e a maior frequência de viagens internacionais aumentam o risco de malária nos EUA. O CDCP prevê que o maior risco de entrada é na Florida, devido à imigração do Haiti.

As fases sanguíneas da infeção são responsáveis por todos os sintomas clínicos e patologias associadas à malária. Estas fases são o nosso principal foco de interesse. O parasita tem uma vida complexa, como mostra a Figura 3 (em baixo). Quando um mosquito pica um hospedeiro humano, os esporozoítos são libertados das glândulas salivares do mosquito para a corrente sanguínea. Estes chegam ao fígado e passam por um ciclo de desenvolvimento nos hepatócitos. Os merozoítos resultantes são lisados das células hepáticas e, subsequentemente, infectam os eritrócitos para se submeterem a uma proliferação assexuada, como se mostra na

Figura 4 (abaixo). Neste caso, um único merozoíto dá origem a cerca de 16 células filhas, que depois voltam a infetar os eritrócitos, mantendo assim o ciclo assexuado. A duração do ciclo determina a periodicidade das febres e arrepios associados à malária. Na malária falciparum, o desenvolvimento do parasita no glóbulo vermelho demora 48 horas. A febre ocorre concomitantemente com a libertação de merozoítos na corrente sanguínea, de dois em dois dias.

1.1 <u>História da malária</u>

- As febres mortais - provavelmente a malária - têm sido registadas desde o início da palavra escrita (6000-5500 a.C.). Podem ser encontradas referências nos escritos védicos de 1600 a.C. na Índia e por Hipócrates há cerca de 2500 anos.

- Não existem referências à malária nos "livros médicos" dos Maias ou dos Aztecas. É provável que os colonos europeus e a escravatura tenham trazido a malária para o Novo Mundo e os anophelines que a aguardavam nos últimos 500 anos.

- O quinino, um alcaloide vegetal tóxico produzido a partir da casca da árvore Cinchona na América do Sul, foi utilizado para tratar a malária há mais de 350 anos.

  Os missionários jesuítas na América do Sul tomaram conhecimento das propriedades anti-maláricas da casca da árvore Cinchona e introduziram-na na Europa na década de 1630 e na Índia em 1657.

- A malária existiu em algumas partes dos Estados Unidos desde a época colonial até à década de 1940. Uma das primeiras despesas militares do Congresso Continental, por volta de 1775, foi a compra de 300 dólares de quinino para proteger as tropas do General Washington.

- No verão de 1828, a "febre dos pântanos" surgiu na povoação de Bytown (Otava) e ao longo do percurso de construção do Canal Rideau. De acordo com alguns relatos, a "malária" não era nativa da América do Norte, mas tinha sido introduzida por soldados britânicos infectados que tinham regressado da Índia. Ocorreram numerosas mortes quando a epidemia abrandou em setembro, quando os mosquitos desapareceram.

- Durante a Guerra Civil Americana (1861-65), metade das tropas brancas e 80% dos soldados negros do Exército da União apanharam malária anualmente.

- Estima-se que mais de 600.000 casos de malária ocorreram nos EUA em 1914, de acordo com informações dos Centros de Controlo e Prevenção de Doenças em Atlanta, Geórgia.

- Em 1927, J. Wagner von Jauregg foi galardoado com o Prémio Nobel da Medicina pelo seu trabalho no tratamento da sífilis com recurso à malária. Os doentes eram inoculados com um tipo de malária para produzir febres que literalmente queimavam as bactérias da sífilis sensíveis à temperatura. Após três ou quatro ciclos de febre, era administrado quinino ao doente para uma cura parasitológica relativamente rápida da malária.

- A terapia da malária para a sífilis, utilizando parasitas de macacos e humanos, continuou até meados da década de 1950, quando foi substituída pela quimioterapia com antibióticos.

- Os holandeses compraram sementes de cinchona ao comerciante britânico Charles Leger, que as trouxe do Peru. Em meados de 1800, estabeleceram plantações de cinchona em Java (Indonésia) e em breve passaram a deter um monopólio virtual do quinino.

- Quando os japoneses capturaram Java durante a Segunda Guerra Mundial, o quinino, com exceção de algumas reservas antigas, ficou indisponível. Nessa altura, a necessidade de um novo antimalárico sintético tornou-se uma prioridade.

- Em 1880, a primeira observação real do parasita da malária foi feita na Argélia por um médico do exército francês, Charles-Louis-Alphonse Laveran, enquanto observava lâminas de sangue ao microscópio. A descoberta de Laveran foi rejeitada pela comunidade médica e só em 1886 é que foi aceite pelos cientistas italianos, os líderes na altura.

- Em 1882, a hipótese da transmissão por mosquitos - culpa por associação - foi apresentada pela primeira vez.

A edição de 18 de dezembro de 1897 do **British Medical Journal** referia que o Dr. Ronald Ross descobriu quistos da malária na parede do estômago de mosquitos anófeles que se alimentaram de um doente com malária.

Embora se reconhecesse que o mosquito Anopheles desempenhava um papel fundamental na transmissão da doença, só em 1948 é que foram identificadas todas as fases do seu ciclo de vida. O parasita passa por uma fase de desenvolvimento no mosquito e a fêmea da espécie necessita de uma refeição de sangue para amadurecer os seus ovos. Ela pica um ser humano e injecta material das suas glândulas salivares, que contém parasitas primitivos da malária chamados esporozoítos, antes de se alimentar. Estes esporozoítos circulam no sangue durante um curto período de tempo e depois instalam-se no fígado, onde entram nas células parenquimatosas e se multiplicam; esta fase é conhecida como esquizogonia pré-eritrocítica. Após cerca de

12 dias, pode haver muitos milhares de parasitas jovens conhecidos como merozoítos numa célula do fígado, a célula rompe-se e os merozoítos livres entram nos glóbulos vermelhos. As fases sanguíneas das quatro espécies de malária podem ser vistas na secção <u>Diagnóstico.</u> No caso do P. vivax e do *P. ovale*, o ciclo hepático continua e requer um tratamento com primaquina para o eliminar. O P. falciparum, por outro lado, não tem um ciclo hepático contínuo.[1,7,9,12]

- Nos glóbulos vermelhos, os parasitas desenvolvem-se em duas formas: um ciclo sexual e um ciclo assexual. O ciclo sexual produz gametócitos masculinos e femininos, que circulam no sangue e são absorvidos por uma fêmea de mosquito quando esta se alimenta de sangue. Os gametócitos masculinos e femininos fundem-se no estômago do mosquito e formam oocistos na parede do estômago. Estes oocistos desenvolvem-se ao longo de um período de dias e contêm um grande número de esporozoítos, que se deslocam para as glândulas salivares e estão prontos para serem injectados no homem quando o mosquito voltar a comer. No ciclo assexuado, os parasitas em desenvolvimento formam esquizontes nos glóbulos vermelhos, que contêm muitos merozoítos. Os glóbulos vermelhos infectados rompem-se e libertam um lote de parasitas jovens, os merozoítos, que invadem novos glóbulos vermelhos. Em P.vivax, P.ovale e provavelmente P.malariae, todas as fases de desenvolvimento subsequentes ao ciclo hepático podem ser observadas no sangue periférico. No entanto, no caso do P. falciparum, apenas as formas em anel e os gametócitos estão normalmente presentes no sangue periférico. As formas em desenvolvimento parecem fixar-se nos vasos sanguíneos dos grandes órgãos, como o cérebro, e restringir o fluxo sanguíneo com consequências graves.

1.2 Distribuição da malária

DISTRIBUIÇÃO MUNDIAL

O paludismo ocorre em muitas partes das regiões tropicais e subtropicais da América do Norte, Central e do Sul, África, Ásia e Oceânia (Figura 1).[1]

DISTRIBUIÇÃO NA ÁFRICA DO SUL

O paludismo ocorre em áreas limitadas na África do Sul. As zonas endémicas de paludismo são as zonas de baixa altitude (abaixo de 1000 metros) da Província do Norte, Mpumalanga e a parte nordeste de KwaZulu-Natal (Figura 2). Ocasionalmente, pode ocorrer uma transmissão focal limitada nas províncias do Noroeste e do Cabo Setentrional ao longo dos rios Molopo e Orange. As infecções são muito raramente contraídas fora das zonas maléficas, sendo então possivelmente uma consequência da importação de mosquitos infectados por meios de transporte motorizados ou outros.

1.3 Parasita e vetor da malária

A malária é uma doença protozoária transmitida pelo mosquito Anopheles, causada por minúsculos protozoários parasitas do género Plasmodium, que infectam alternadamente os hospedeiros humanos e os insectos. Trata-se de uma doença muito antiga e pensa-se que o homem pré-histórico terá sofrido de malária. Teve provavelmente origem em África e acompanhou a migração humana para as costas mediterrânicas, a Índia e o Sudeste Asiático. No passado, era comum nas zonas pantanosas em redor de Roma e o seu nome deriva do italiano (mal-aria) ou "mau ar"; era também conhecida por febre romana. Atualmente, cerca de 500 milhões de pessoas em África, na Índia, no Sudeste Asiático e na América do Sul estão expostas à malária endémica e estima-se que esta cause dois milhões e meio de mortes por ano, um milhão das quais são crianças.

 <u>Biologia dos parasitas Plasmodium e Anopheles</u>

<u>Mosquitos</u>

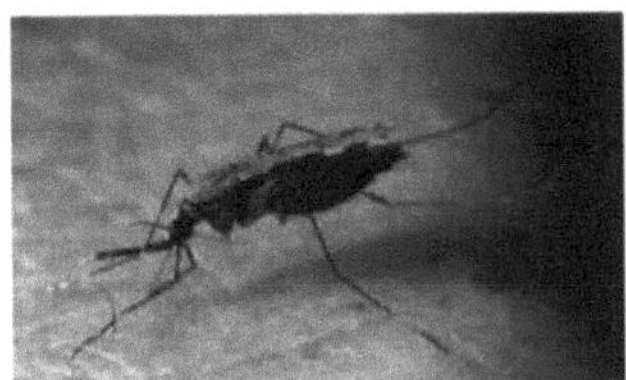

O género Plasmodium de protozoários parasitas (principalmente P.falciparum, P.vivax, P.ovale e P.malariae) tem um ciclo de vida que se divide entre um hospedeiro vertebrado e um inseto vetor. As espécies de Plasmodium, com exceção do P.malariae (que pode afetar os primatas superiores), são exclusivamente parasitas do homem. O mosquito é sempre o vetor, e é sempre um mosquito Anopheline, embora, das 380 espécies de mosquitos Anopheline, apenas 60 possam transmitir a malária. Apenas os mosquitos fêmeas estão envolvidos, uma vez que os machos não se alimentam de sangue. O ciclo de vida básico do parasita é apresentado de seguida: [5,14,15,7]

<u>Ciclo de vida do parasita da malária</u>

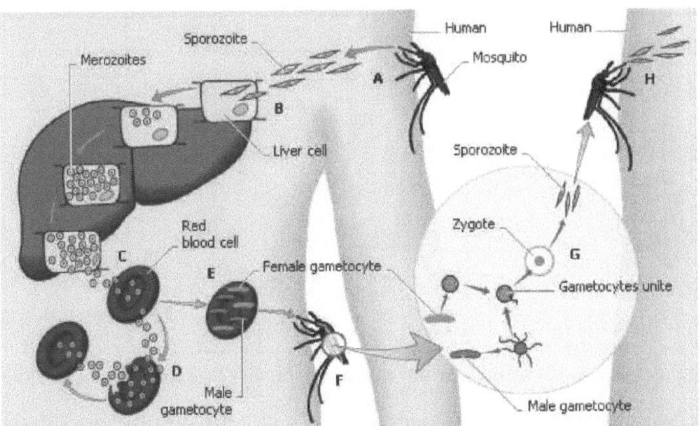

A malária é uma doença infecciosa causada por um parasita unicelular conhecido como Plasmodium. O parasita é transmitido aos seres humanos através da picada da fêmea do mosquito Anopheles. O parasita Plasmodium passa o seu ciclo de vida em parte nos seres humanos e em parte nos mosquitos. (A) O mosquito infetado com o parasita da malária pica o ser humano, passando células chamadas esporozoítos para a corrente sanguínea do ser humano. (B) Os esporozoítos deslocam-se para o fígado. Cada esporozoíto sofre uma reprodução assexuada, na qual o seu núcleo se divide para formar duas novas células, chamadas merozoítos. (C) Os merozoítos entram na corrente sanguínea e infectam os glóbulos vermelhos. (D) Nos glóbulos vermelhos, os merozoítos crescem e dividem-se para produzir mais merozoítos, causando eventualmente a rutura dos glóbulos vermelhos. Alguns dos merozoítos recém-libertados continuam a infetar outros glóbulos vermelhos. (E) Alguns merozoítos desenvolvem-se em células sexuais conhecidas como gametócitos masculinos e femininos. (F) Outro mosquito pica o ser humano infetado, ingerindo os gametócitos. (G) No estômago do mosquito, os gametócitos amadurecem. Os gametócitos masculinos e femininos sofrem reprodução sexual, unindo-se para formar um zigoto. O zigoto multiplica-se para formar esporozoítos, que viajam para as glândulas salivares do mosquito. (H) Se este mosquito picar outro ser humano, o ciclo recomeça. [13,11,7]

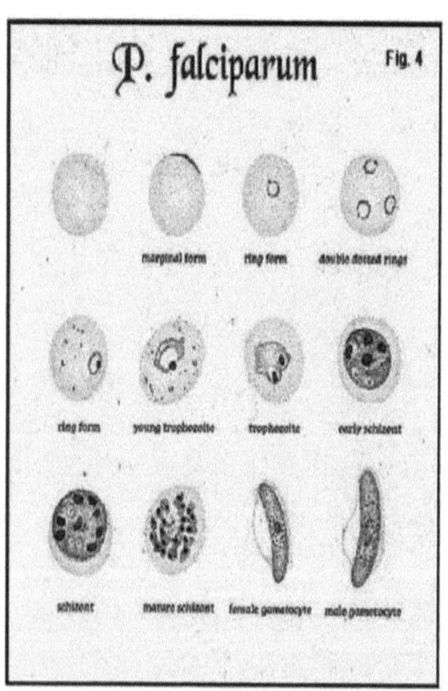

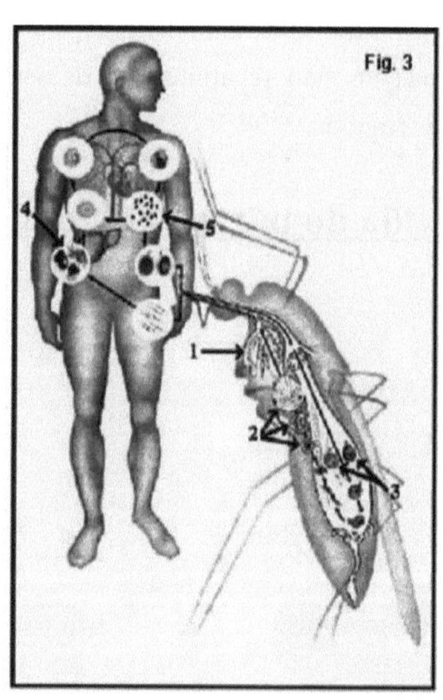

Os esporozoítos da glândula salivar do mosquito são injectados no ser humano, uma vez que o mosquito tem de injetar saliva anticoagulante para garantir uma refeição uniforme. Uma vez na corrente sanguínea humana, os esporozoítos chegam ao fígado e penetram nos hepatócitos, onde permanecem durante 9 a 16 dias, multiplicando-se no interior das células. Em seguida, voltam ao sangue e penetram nos glóbulos vermelhos, onde produzem merozoítos, que reinfectam o fígado, ou micro e macrogametócitos, que não têm mais atividade no hospedeiro humano. Outro mosquito que chega para se alimentar do sangue pode sugar estes gametócitos para o seu intestino, onde ocorre a exflagelação de microgametócitos e os macrogametócitos são fertilizados. O oocinete resultante penetra na parede de uma célula do intestino médio, onde se desenvolve num oocisto. A esporogénese no interior do oocisto produz muitos esporozoítos e, quando o oocisto se rompe, os esporozoítos migram para a glândula salivar, para serem injectados noutro hospedeiro. Este ciclo de vida altamente especializado requer uma biologia especializada por parte das espécies de Plasmodium. A razão pela qual nem todos os mosquitos são vectores de parasitas Plasmodium é que os mosquitos refractários possuem substâncias tóxicas para o Plasmodium nas suas células. Também foi encontrada uma maior atividade semelhante à tripsina no intestino médio das espécies resistentes, possivelmente inibindo o desenvolvimento dos ookinetes. Os parasitas Plasmodium parecem capazes de se adaptar a qualquer mosquito anopheline adequado, desde que haja tempo e contacto suficientes. A esporogénese no mosquito é regida pela temperatura ambiente, uma vez que os mosquitos Anopheline são poiquilotérmicos.

Uma vez injectadas no hospedeiro humano, todas as espécies de Plasmodium penetram nos hepatócitos. No entanto, os esporozoítos de P.falciparum e P.malariae desencadeiam esquizogonia imediata, enquanto os esporozoítos de P.ovale e P.vivax podem desencadear esquizogonia imediata ou ter um desencadeamento retardado, resultando em hipnozoítos dormentes. Algumas estirpes, como a estirpe norte-coreana, parecem ser constituídas por esporozoítos com desencadeamento universalmente retardado, pelo que todos formam hipnozoítos de longa duração. O P.vivax pode ter um período de incubação de até 10 meses. Os gametócitos produzidos no ataque primário parecem conter toda a informação genética necessária para criar esporozoítos com vários tempos de ativação diferentes. O mesmo parece acontecer com os gametócitos produzidos nas recaídas em que os hipnozoítos são activados.

O desenvolvimento sexual do Plasmodium começa quando os merozoitos invadem os eritrócitos após a sua libertação do fígado. No interior do eritrócito, ocorre a esquizogonia para produzir mais merozoítos (o que demora 22 1/2 horas no caso do P.berghei), ou os micro e macrogametócitos sexuais (o que demora 26 horas). No P.falciparum, a esquizogonia eritrocítica demora 48 horas e a gametocitose demora 10-12 dias. Normalmente, ocorre um número variável de ciclos de esquizogonia eritrocítica assexuada antes de serem produzidos quaisquer gametócitos. Nesta fase, o sistema imunitário pode produzir anticorpos contra os gametócitos.

1.5 <u>Resistência:-</u>

A resistência aos medicamentos ocorre seletivamente na espécie P. falciparum. As outras três espécies não têm resistência documentada, à exceção da resistência regionalizada à cloroquina observada no P. vivax, concentrada sobretudo na Papua Nova Guiné e em Irian Jaya (Indonésia). As razões para o desenvolvimento e a propagação da resistência aos medicamentos envolvem a interação entre os padrões de utilização dos medicamentos, as caraterísticas do próprio medicamento, os factores do hospedeiro humano, as caraterísticas do parasita e os factores ambientais e do vetor.[9,10] No entanto, apenas as mutações genéticas conferem resistência aos parasitas na natureza. Um resumo dos factores determinantes da resistência aos medicamentos é apresentado no Quadro 1.

O gene pfmdr1, que codifica o homólogo 1 da glicoproteína P (Pgh1), está ligado à resistência à cloroquina através de uma mutação.[11] Nas células cancerígenas de mamíferos resistentes a múltiplos fármacos, a glicoproteína-P é uma bomba dependente de ATP que expulsa os agentes quimioterapêuticos da célula. No P. falciparum, a glicoproteína P está localizada principalmente na membrana do vacúolo digestivo do parasita e as evidências sugerem que está envolvida no transporte dependente de nucleótidos através da membrana.[12] Também são necessárias mutações noutros genes (não identificados) para conferir resistência completa aos parasitas. [10,11,13]

As alterações em Pgh1 podem modular a resistência à quinina, à mefloquina e à halofantrina.

A artemisinina também mostrou uma diminuição da sensibilidade contra várias estirpes de P. falciparum devido a esta mutação.[13] Outro gene, pfcrt, que codifica uma proteína transportadora da membrana vacuolar (PfCRT) está também associado à resistência à cloroquina.[11]

A resistência à cloroquina surge devido à capacidade do P. falciparum de libertar cloroquina

40-50 vezes mais rapidamente do que um parasita suscetível normal. Os bloqueadores dos canais de cálcio, como o verapamil, a vinblastina e a daunomicina, aumentaram a acumulação de cloroquina num parasita resistente e também inibiram a libertação de cloroquina.

Estas alterações não foram encontradas em parasitas susceptíveis normais.[13] Pensa-se que os antagonistas dos canais de cálcio interagem com o sistema de transporte da glicoproteína-P na membrana do parasita.[15]

1.6 <u>História do tratamento e profilaxia</u>

Os medicamentos antimaláricos pertencem a vários grupos químicos e é útil ter alguns conhecimentos sobre a sua química. O objetivo é apresentar uma breve descrição dos medicamentos antimaláricos e da sua utilidade nos dias de hoje, quando as estirpes de malária resistentes aos medicamentos se tornaram um problema grave. Não se trata de uma história exaustiva, nem inclui alguns medicamentos que já não são utilizados.

Quinino.

O quinino é utilizado há mais de três séculos e, até à década de 1930, era o único agente eficaz para o tratamento da malária. É um dos quatro alcalóides principais que se encontram na casca da árvore Cinchona e é o único medicamento que, durante um longo período de tempo, se manteve largamente eficaz no tratamento da doença. Atualmente, só é utilizado no tratamento da malária falciparum grave, em parte devido aos efeitos secundários indesejáveis. Em África, nas décadas de 1930 e 40, era comum as pessoas tomarem quinino quando pensavam que tinham "um toque de malária" e a associação de infecções repetidas com malária falciparum e tratamento inadequado com quinino resultou no desenvolvimento, em algumas pessoas, de hemólise intravascular maciça aguda e hemoglobinúria, ou seja, febre da água negra. [12,9,7]

Atebrina (mepacrina).

Este medicamento é uma 9-amino-acridina desenvolvida no início da década de 1930. Foi utilizado como profilático em grande escala durante a Segunda Guerra Mundial (1939-45) e foi considerado um medicamento seguro. Teve uma grande influência na redução da incidência de malária nas tropas que serviam no Sudeste Asiático. Atualmente, considera-se que tem demasiados efeitos secundários indesejáveis e já não é utilizado.

Cloroquina.

Uma 4-amino-quinolina muito eficaz tanto para o tratamento como para a profilaxia. Foi utilizada pela primeira vez na década de 1940, pouco depois da Segunda Guerra Mundial, e era eficaz na cura de todas as formas de malária, com poucos efeitos secundários quando tomada na dose prescrita para a malária, e era de baixo custo. Infelizmente, a maioria das estirpes de malária falciparum são atualmente resistentes à cloroquina e, mais recentemente, foi também notificada malária vivax resistente à cloroquina.

Proguanil.

Este medicamento pertence à classe das biguanidas dos antimaláricos e foi sintetizado pela primeira vez em 1946. Tem uma cadeia de biguanida ligada numa extremidade a um anel de clorofenilo e a sua estrutura é muito próxima da da pirimetamina.

O medicamento é um antagonista do folato e destrói o parasita da malária ligando-se à enzima dihidrofolato redutase da mesma forma que a pirimetamina. Ainda é utilizado como profilático em alguns países.

Malarone.

Em 1998, foi lançada na Austrália uma nova combinação de medicamentos denominada Malarone. Trata-se de uma combinação de proguanil e atovaquona. A atovaquona ficou disponível em 1992 e foi utilizada com êxito no tratamento do Pneumocystis carrinii. Quando combinada com o proguanil, produz um efeito sinérgico e a combinação é, atualmente, um tratamento antimalárico muito eficaz. A combinação de medicamentos foi submetida a vários ensaios clínicos de grande dimensão, tendo-se verificado que é 95% eficaz na malária falciparum resistente a outros medicamentos. Ainda não se sabe quanto tempo demorará até que surjam estirpes resistentes de malária. Afirmou-se que o proguanil é praticamente isento de efeitos secundários indesejáveis, mas deve notar-se que é um antifolato. Não é provável que isto constitua um problema com um tratamento único do medicamento, mas deve ter-se alguma precaução quando se utiliza para profilaxia. Na Austrália, o medicamento deverá estar disponível para profilaxia no final de 1998.

Atualmente, trata-se de um medicamento muito dispendioso.

Maloprim.

Uma combinação de dapsona e pirimetamina. A resistência a este medicamento está atualmente generalizada e a sua utilização já não é recomendada

Fansidar.

Trata-se de um medicamento combinado, cada comprimido contendo sulfadoxina 500mg. e pirimetamina 25mg. Actua interferindo com o metabolismo do folato. A resistência ao Fansidar está atualmente generalizada e foram notificados efeitos secundários graves. Já não é recomendado.

Mefloquina (Lariam).

Introduzido pela primeira vez em 1971, este derivado metanólico da quinolina está estruturalmente relacionado com a quinina. O composto era eficaz contra a malária, resistente a outras formas de tratamento quando foi introduzido pela primeira vez e, devido à sua longa meia-vida, era um bom profilático, mas desenvolveu-se agora uma resistência generalizada, o que, juntamente com efeitos secundários indesejáveis, resultou num declínio da sua utilização.

Devido à sua relação com o quinino, os dois medicamentos não devem ser utilizados em conjunto. Foram notificados vários efeitos secundários indesejáveis, incluindo vários casos de síndroma cerebral aguda, que se estima ocorrer em 1 em cada 10 000 a 1 em cada 20 000 das pessoas que tomam este medicamento. Esta síndrome desenvolve-se normalmente cerca de duas semanas após o início da mefloquina e, em geral, desaparece ao fim de alguns dias.

Halofantrina (Halfan).

Pertence a uma classe de compostos denominados fenantreno-metanóis e não está relacionado com o quinino. É um antimalárico eficaz introduzido na década de 1980, mas devido à sua curta semi-vida de 1 a 2 dias, não é, portanto, adequado para utilização como profilático. Infelizmente, estão a ser notificadas cada vez mais formas resistentes e existe alguma preocupação quanto aos efeitos secundários. A halofantrina tem sido associada a perturbações neuropsiquiátricas. Está contraindicado durante a gravidez e não é aconselhado a mulheres que estejam a amamentar. Foram também notificadas dores abdominais, diarreia, purulência e erupções cutâneas.

Artemisininas.

A artemisinina (qinghaosu) é um peróxido de lactona sesquiterpénica de ocorrência natural, estruturalmente não relacionado com qualquer antimalárico conhecido. O Qinghaosu, derivado da Artemisia annua cultivada, está disponível como o composto original artemisinina (formulações orais, parenterais e supositórios) e como três derivados semi-sintéticos: um sal hemisuccinato solúvel em água (artesunato) para administração parentérica ou oral; e dois compostos solúveis em óleo (artemeter e arteether) para injeção intramuscular.

Todos são metabolizados a um metabolito biologicamente ativo, a diidroartemisinina. O artesunato é um pró-fármaco da diidroartemisinina e, como tal, é o mais rapidamente ativo dos derivados examinados até à data.

Todos os compostos têm os seus efeitos antiparasitários nos parasitas mais jovens em forma de anel, diminuindo assim o número de formas tardias do parasita que podem obstruir a microvasculatura do hospedeiro

Todas as preparações de artemisinina foram estudadas e utilizadas apenas para tratamento. São recomendadas apenas para tratamento e não para profilaxia. Todos os compostos são pelo menos tão eficazes como o quinino no tratamento da malária grave e complicada. O Qinghaosu e os seus derivados conduzem a tempos de eliminação do parasita (média: 32% mais rápidos) e da febre (média: 17% mais rápidos) mais rápidos do que quaisquer outros antipalúdicos. Apesar da ação antiparasitária mais rápida dos compostos de qinghaosu, não foi demonstrado que estes agentes diminuam a mortalidade em comparação com o quinino.

Os compostos relacionados com a artemisinina actuam rapidamente contra estirpes de P. falciparum resistentes aos medicamentos, mas apresentam taxas de recrudescência elevadas (cerca de 10% a 50%) quando utilizados como monoterapia durante menos de 5 dias. Estudos recentes3 examinaram durações mais longas de terapia (7 dias) e combinações de derivados de qinghaosu e mefloquina para evitar o recrudescimento. Foi demonstrada uma sinergia in vitro entre os derivados da artemisinina, a mefloquina e a tetraciclina. Na Tailândia, o tratamento com artesunato oral (durante 3 a 5 dias) combinado com mefloquina (15 a 25 mg/kg) foi mais eficaz do que a mefloquina ou o artesunato isoladamente. A terapêutica combinada resulta em taxas de cura superiores a 90% das infecções primárias e recrudescentes por P. falciparum.

Tratamento da malária em relação a diferentes espécies de parasitas

P. falciparum.

Esta espécie era originalmente sensível à cloroquina, no entanto, são atualmente comuns estirpes resistentes a este e a outros medicamentos antimaláricos. Como o parasita é capaz de se multiplicar muito rapidamente e de se sequestrar na microvasculatura, pode desenvolver-se uma doença potencialmente fatal num espaço de tempo muito curto.

A malária não complicada (em que os doentes podem fazer terapia oral) pode ser tratada com um de três regimes:

1. Sulfato de quinino 10 mg sal/kg de 8 em 8 horas durante sete dias, mais doxiciclina 100 mg por dia durante 7 dias. Os doentes desenvolvem habitualmente "cinchonismo" (zumbido, perda de audição em tons altos, náuseas, disforia) após 2-3 dias, mas devem ser encorajados a completar o tratamento completo para evitar a recrudescência.

2. Malarone™ (atovaquona 250 mg mais proguanil 100 mg) 4 comprimidos por dia durante 3 dias consecutivos. Esta terapêutica combinada só recentemente foi introduzida no mercado e é relativamente dispendiosa. Os dados sobre a eficácia são prometedores mas limitados.

3. Mefloquina (Larium™) administrada na dose de 15 mg/kg numa dose dividida, seguida de 10 mg/kg no dia seguinte. Poderá ser necessário administrar agentes antipiréticos e antieméticos antes da administração de mefloquina para reduzir o risco de vómitos.

A escolha do regime baseia-se em :-

- Local cost and availability of antimalarial drugs.

- Area of malaria acquisition (i.e. drug resistance pattern of P. *falciparum*).

- Prior chemoprophylaxis.

- Known allergies.

- Concomitant illnesses other than malaria.

- Age and pregnancy.

- Likely patient compliance with therapy.

- Risk of re-exposure to malaria after treatment.

Nos casos não complicados em que as náuseas e os vómitos impedem a terapêutica oral, o dicloridrato de quinino 10 mg sal/kg de base pode ser administrado por via intravenosa em dextrose a 5% p/v ou solução salina normal, numa perfusão de 4 horas, de 8 em 8 horas, até o doente poder tomar a medicação por via oral.

Malária grave. (em que os doentes apresentam coma, iterícia, insuficiência renal, hipoglicemia, acidose, anemia grave, elevada contagem de parasitas, hiperpirexia) é idealmente tratada numa unidade de cuidados intensivos ou de alta dependência, onde os doentes podem ser monitorizados de perto, tanto clínica como bioquimicamente. A quinina intravenosa é o tratamento de eleição, mas a injeção rápida pode provocar hipotensão, disritmias e morte.

Nos doentes que não tenham recebido quinino nas 48 horas anteriores, pode ser utilizado um de dois regimes:

1. Dicloridrato de quinina 20 mg sal/kg de base administrado por via intravenosa em dextrose a 5% p/v ou solução salina normal como uma perfusão única de 4 horas, seguida, 4 horas mais tarde, de uma perfusão de 4 horas de dicloridrato de quinina 10 mg sal/kg de base, de 8 em 8 horas.

2. Se estiver disponível uma bomba de seringa ou outro dispositivo de infusão preciso, dicloridrato de quinino 7 mg sal/kg de base durante 30 minutos, seguido imediatamente de dicloridrato de quinino 10 mg sal/kg de base durante 4 horas e, a partir de 4 horas mais tarde, dicloridrato de quinino 10 mg sal/kg de base em infusões de 4 horas, de 8 em 8 horas.

P.vivax.

A maioria das estirpes de P. vivax continua a ser sensível à cloroquina, embora tenham sido registadas algumas estirpes resistentes à cloroquina na Papua Nova Guiné, Indonésia, Tailândia e Índia. Este medicamento elimina as fases eritrocíticas do parasita, mas não tem qualquer efeito sobre a fase hepática exo-eritrocítica, sendo necessário um tratamento com primaquina (uma 8-amino-quinolina) para uma cura radical. A estirpe Chesson do P. vivax encontrada na Nova Guiné apresenta alguma resistência à primaquina e é necessário aumentar a dose de primaquina. Se a primaquina não for administrada, o doente pode sofrer uma recaída que ocorrerá semanas ou meses após o ataque original. [13,11]

Tratamento de adultos.

Com base em comprimidos de cloroquina contendo 150 mg de base.

Day 1	4 tablets (600mg base) or 10 mg/kg first dose. 2 tablets (300mg base) or 5 mg/kg 6-8 hours later.
Day 2	2 tablets (300mg base) or 5 mg/kg.
Day 3	2 tablets (300mg base) or 5 mg/kg
Next 14 days	primaquine 2 tablets (each tablet contains 7.5mg base daily with food).

A primaquina é preferencialmente iniciada após a cloroquina. Quando a infeção é adquirida na Nova Guiné, devem ser administrados diariamente 3 comprimidos de primaquina (base de 22,5 mg) durante 14 dias. No caso de uma recaída, repetir o tratamento com cloroquina e primaquina. Podem ocorrer até três recaídas antes de o parasita ser finalmente eliminado. Infelizmente, não existe outro tratamento eficaz. O estado da G6PD dos doentes deve ser verificado antes de se prescrever a primaquina. Os doentes com deficiência de G6PD podem sofrer hemólise se lhes for administrada uma dose diária de primaquina e recomenda-se que estes doentes recebam 30-45 mg uma vez por semana durante 8 semanas.

P. malariae, P. ovale.

O tratamento para a erradicação destas duas estirpes de malária é o mesmo que o do P. vivax, exceto que não é necessário administrar primaquina aos doentes com P. malariae

CAPÍTULO 2

MEDICAMENTOS ANTIMALÁRICOS

Os antimaláricos são medicamentos antiprotozoários utilizados principalmente no tratamento da malária. Alguns antimaláricos também são úteis no tratamento de outras doenças, incluindo o quinino para cãibras nas pernas e a hidroxicloroquina para casos graves de artrite reumatoide.

Classificação

A. Com base na utilização.

Os medicamentos antimaláricos destinam-se a prevenir ou tratar a malária. Existem muitos destes medicamentos atualmente no mercado. Eis uma lista parcial.

1. Medicamentos antimaláricos atualmente utilizados no tratamento

- amodiaquina
- artemisinina/artemeter/artesunato (artemisinina à base da planta Artemisia)
- atovaquona
- cloroquina (Nivaquine®, Aralen®, Damaral®, etc.)
- fansidar (pirimetamina, sulfadoxina)
- lumefatrina
- mefloquina (Lariam ®)
- quinina/quinidina (a quinina é derivada da casca da árvore tropical cinchona)

2. Medicamentos antimaláricos atualmente utilizados na profilaxia

- cloroquina
- doxiciclina
- hidroxicloroquina (Plaquenil)
- mefloquina

    -proguanil

- pirimetamina (daraprim) -sulfadoxina (Fansidar®)

-Halofantrina   (Halfan®)

   3. novos medicamentos

     - Malarone

     Vacina   contra a malária -DNA/MVA (em desenvolvimento)

   4. 4. Repelentes

     - O DEET está disponível sob a forma de loção ou de spray DEET

5. redes mosquiteiras

B. **<u>Com base na estrutura química</u>**

<u>**Medicamentos antimaláricos (P01B)**</u>

<u>Aminoq uinolinas</u>	<u>Amodiaquina</u>, <u>Cloroquina</u>, <u>Hidroxicloroquina</u>, <u>Pamaquina</u>, <u>Primaquina</u>
<u>Biguanidas</u>	<u>Proguanil</u>, <u>embolato de cicloguanil</u>
Metanolquinolinas	<u>Mefloquina</u>, **Quinino**
Diaminopiridinas	<u>Pirimetamina</u>
<u>**Artemisinina**</u> **{Herbal}**	<u>Artemisinina</u>, <u>Artemether</u>, <u>Artesunato</u>, <u>Artemotil</u>,
derivados	<u>Artenimol</u>
Outros	<u>Halofantrina</u>, <u>Lumefantrina</u>

Cloroquina: Foram desenvolvidos muitos medicamentos para proteger as tropas da malária, especialmente durante a Segunda Guerra Mundial. A cloroquina, a primaquina, o proguanil, a amodiaquina e a sulfadoxina/pirimetamina foram todos desenvolvidos durante este período.

Durante a Primeira Guerra Mundial, Java e as suas valiosas reservas de quinino caíram nas mãos das forças japonesas. Em consequência, as tropas alemãs na África Oriental sofreram pesadas baixas devido à malária. Para ter os seus próprios medicamentos antimaláricos, o governo alemão iniciou a investigação de substitutos do quinino e confiou-a à Bayer Dye Works. A maior parte do trabalho foi efectuada nos laboratórios da Bayer Farbenindustrie A.G. em Eberfeld, na Alemanha. Foram testados vários milhares de compostos e alguns revelaram-se úteis. O naftoato de plasmocina (Pamaquina) em 1926 e a quinacrina, mepacrina (Atabrina) em 1932 foram os primeiros a ser descobertos. A plasmocina, uma 8 aminoquinolina, foi rapidamente abandonada devido à sua toxicidade, embora o seu análogo estrutural próximo, a primaquina, seja atualmente utilizado no tratamento de parasitas hepáticos latentes de P. vivax e P. ovale. A atabrina, embora superior e persistente no sangue durante pelo menos uma semana, teve de ser abandonada devido a efeitos secundários como o amarelecimento da pele e reacções psicóticas. A descoberta ocorreu em 1934 com a síntese da **Resochin (cloroquina)** por **Hans Andersag**, seguida da Sontochin ou Sontoquina (3-metil-cloroquina). Estes compostos pertenciam a uma nova classe de antipalúdicos conhecidos como 4 aminoquinolinas. Mas os cientistas da Farben sobrestimaram a toxicidade dos compostos e não os exploraram mais. Além disso, passaram a fórmula do Resochin à Winthrop Steams, a empresa irmã da Farben nos Estados Unidos, no final da década de 1930. A resochina foi então esquecida até ao início da Segunda Guerra Mundial.

Outros fármacos antimaláricos: 1. A fórmula da Atabrina (mepacrina, uma 9-aminoacridina) foi também rapidamente resolvida pelos químicos aliados e foi produzida em grande escala nos Estados Unidos. 2) O sucesso da cloroquina levou à exploração de muitos (quase 15 000) compostos nos Estados Unidos e foi descoberta outra 4-aminoquinolina, **a camoquina (amodiaquina)**. Os estudos sobre as 8-aminoquinolinas conduziram à descoberta da **primaquina** por Elderfield em 1950. Entretanto, os investigadores britânicos da ICI efectuaram também estudos aprofundados sobre os medicamentos contra a malária e Curd, Davey e Rose sintetizaram os medicamentos antifolatos **proguanil** ou **Paludrine** (cloridrato de clorguanida) em 1944 e **o Daraprim** ou **Malocide (pirimetamina)** foi desenvolvido em 1952. No entanto, foi observada resistência ao proguanil um ano após a sua introdução na Malásia, em 1947. 3. **A mefloquina** foi desenvolvida conjuntamente pelo Comando de Investigação e Desenvolvimento Médico do Exército dos EUA, pela Organização Mundial de Saúde (OMS/TDR) e pela Hoffman-La Roche, Inc. Após a Segunda Guerra Mundial, foram produzidos cerca de 120 compostos no Walter Reed Army Institute of Research e foi desenvolvido o WR142490 (mefloquina), uma 4-quinolina metanol. A sua eficácia na prevenção e tratamento do P. falciparum resistente foi comprovada em 1974-75 e foi útil para o exército dos EUA no Sudeste Asiático e na América do Sul. Na altura em que o medicamento se tornou amplamente disponível, em 1985, começaram também a surgir na Ásia provas de resistência à mefloquina.**4:** Em 1998, foi lançada na Austrália uma nova combinação de medicamentos denominada Malarone. Trata-se de uma combinação de proguanil e atovaquona. A atovaquona foi disponibilizada em 1992 e foi utilizada com êxito no tratamento do Pneumocystis carrinii. A combinação sinérgica com o proguanil é considerada um tratamento antimalárico eficaz. [17,19,20]

CAPÍTULO 3

__Medicamentos antimaláricos à base de plantas__

Os medicamentos à base de plantas têm sido uma fonte importante de medicamentos de produtos naturais e a raiz da farmacologia moderna e do desenvolvimento de medicamentos. Tomemos como exemplo a digoxina[2] . A digoxina é um medicamento moderno utilizado para a insuficiência cardíaca congestiva. Trata-se de uma molécula natural que se encontra na planta dedaleira.

A dedaleira era originalmente utilizada em remédios populares à base de plantas, compostos por uma dúzia de ervas. Há mais de 200 anos, descobriu-se que era o ingrediente ativo dos remédios à base de plantas. Em 1906, diferentes preparações de dedaleira foram incluídas na farmacopeia dos EUA. Não existia qualquer norma.

Em seguida, foram desenvolvidos ensaios normalizados para monitorizar a bioatividade das preparações de dedaleira. Eventualmente, a digoxina foi identificada e tornou-se um medicamento químico padrão. [16,18]

As plantas antimaláricas geralmente utilizadas são as seguintes

2.1   CINCHONA [QUININO].

2.2   ARTEMISIA VULGARIS.

2.3   CRYPTOLEPIS.

2.4   YINGZHAOSU.

3.1 Cinchona Officinalis (Quinino)

A. Origem e propriedades, e historial da hurb

Família: Rubiaceae

Género: Cinchona

Espécies: officinalis, ledgeriana, succirubra, calisaya

Sinónimos: Quinaquina officinalis, Quinaquina lancifolia, Quinaquina coccinea

Nomes comuns: Casca de quina, quina, quinina, kinakina, casca da China, casca de cinchona, cinchona amarela, cinchona vermelha, casca peruana, casca de jesuíta, quina-quina, casca de calisaya, árvore da febre

Partes utilizadas: Casca, madeira

História da Cinchona

Os efeitos cardíacos da casca de cinchona foram assinalados na medicina académica no

final do século XVII.

1   A quinina foi utilizada esporadicamente durante a primeira metade do século XVIII para problemas cardíacos e arritmia e tornou-se um padrão de terapia cardíaca na segunda metade do século XIX.

2   Descobriu-se que um outro alcaloide químico chamado quinidina era responsável por este efeito cardíaco benéfico. A quinidina, um composto produzido a partir da quinina, ainda hoje é utilizada em cardiologia, vendida como medicamento de prescrição para a arritmia. A procura de vendas deste medicamento ainda hoje gera a necessidade de colher a casca de quinina natural, porque os cientistas não conseguiram sintetizar este químico sem utilizar a quinina natural encontrada na casca de cinchona.

Na medicina herbal brasileira a casca de quinino é considerada tónica, estomacal e febrífuga. É usada para anemia, indigestão, distúrbios gastrointestinais, fadiga geral, febres, malária e como estimulante do apetite. Outros remédios populares na América do Sul citam a casca de quinino como um remédio natural para o cancro (mama, glândulas, fígado, mesentério, baço), amebíase, cardite, constipações, diarreia, disenteria, dispepsia, febres, gripe, ressaca, lumbago, malária, nevralgia, pneumonia, ciática, febre tifoide e varizes. Na medicina herbal europeia, a casca é considerada antiprotozoária, antiespasmódica, antimalárica, um tónico amargo e febrífuga. É utilizada como estimulante do apetite, para a queda de cabelo, alcoolismo, doenças do fígado, baço e vesícula biliar; e para tratar arritmia, anemia, cãibras nas pernas e febres de todos os tipos. [16,19]

D. <u>Componentes químicos:</u>

Aricina, ácido cafeico, ácido cinchofulvico, ácido cinchólico, cinchonaína, cinchonidina, cinchonina, cinchofillamina, ácido cinchotânico, cinchotina, conquinamina, cuscamidina, cuscamina, cusconidina, cusconina, epicatequina, javanina, paricina, proantocianidinas, quinacimina, quinamina, ácido quínico, quinicina, quinina, quininidina, ácido quinóvico, quinovina, sucirrubina.

Table: Alkaloid Content Comparison by Cinchona species		
Species	**Total Alkaloids (%)**	**Quinine Content (%)**
C. calisaya	3 - 7	0 - 4
C. pubescens	4.5 - 8.5	1 - 3
C. officinalis	5 - 8	2 - 7.5
C. ledgeriana	5 -14	3 - 13
C. succirubra	6 - 16	4 - 14

B. <u>Propriedade e ação</u>

Main Actions

- treats malaria
- kills parasites
- reduces fever
- regulated heartbeat
- stimulates digestion
- kills germs
- reduces spasms
- kills insects

Other Actions

- relieves pain
- kills bacteria
- kills fungi
- dries secretions
- calms nerves

Standard Dosage

Bark

Decoction: 1/2 to 1 cup 3 times daily

Capsules: 2 g twice daily

Tincture: 1-2 ml twice daily

O género Cinchona contém cerca de quarenta espécies de árvores. Crescem 15 20 metros de altura e produzem flores brancas, cor-de-rosa ou amarelas. Todas as cinchonas são originárias das encostas orientais da zona amazónica dos Andes, onde crescem entre 1.500 e 3.000 metros de altitude em ambos os lados do equador (da Colômbia à Bolívia). Também podem ser encontradas na parte norte dos Andes (nas encostas orientais das cordilheiras central e ocidental). Atualmente, são amplamente cultivadas em muitos países tropicais pelo seu valor comercial, embora não sejam indígenas dessas áreas. [17,58,59]

C. **Estudo fitoquímico :**

Química

O sulfato de quinina é um medicamento antimalárico quimicamente descrito como cinchonan-9-ol, 6'- metoxi-, (8a, 9R)-, sulfato (2:1) (sal), di-hidratado com uma fórmula molecular de (C H_{2024} $N2O_2$)2DH_2 SO4D2H_2 O e um peso molecular de 782,96. A fórmula estrutural do sulfato de quinino é

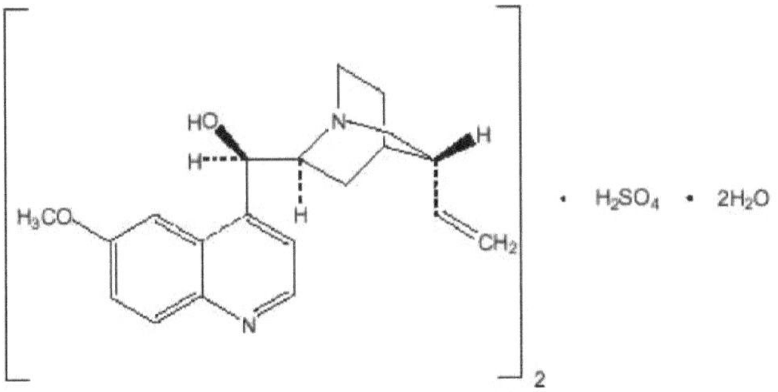

: O sulfato de quinino apresenta-se como um pó branco cristalino que escurece com a exposição à luz. É inodoro e tem um **sabor** persistente e muito amargo. É apenas ligeiramente solúvel em água, álcool, clorofórmio

Mecanismo de ação:

A quinina actua como um esquizonticida sanguíneo, embora também tenha atividade gametocitocida contra o P. vivax e o P. malariae. Por ser uma base fraca, concentra-se nos vacúolos alimentares do P. falciparum. Diz-se que actua através da inibição da heme polimerase, permitindo assim a acumulação do seu substrato citotóxico, o heme.

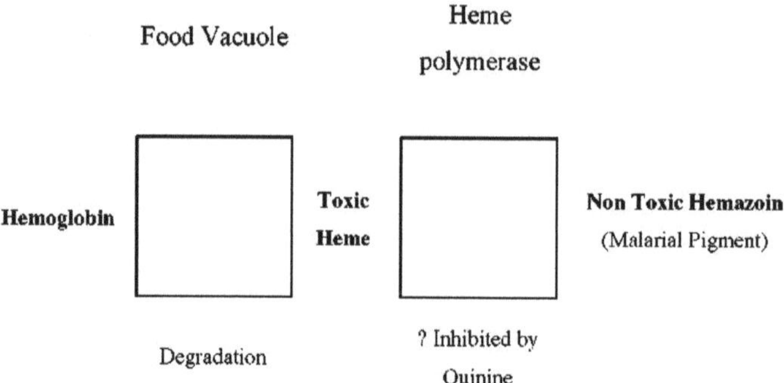

Como medicamento esquizonticida, é menos eficaz e mais tóxico do que a cloroquina. No entanto, tem um lugar especial no tratamento da malária falciparum grave em zonas com resistência conhecida à cloroquina.

D. Estudo farmacológico

Farmacocinética:

O quinino é facilmente absorvido quando administrado por via oral ou intramuscular. As concentrações plasmáticas máximas são atingidas 1 a 3 horas após a dose oral e a semi-vida plasmática é de cerca de 11 horas. Na malária aguda, o volume de distribuição do quinino contrai-se e a depuração é reduzida, e a semi-vida de eliminação aumenta proporcionalmente à gravidade da doença. Por conseguinte, a dose de manutenção do medicamento pode ter de ser reduzida se o tratamento for continuado durante mais de 48 horas. O medicamento é extensivamente metabolizado no fígado e apenas 10% é excretado inalterado na urina. Não se regista toxicidade cumulativa com a administração continuada.

Efeito secundário.

As reacções adversas mais frequentes aos alcalóides da cinchona (quinina e quinidina) na Austrália[6], entre novembro de 1972 e março de 1988, foram trombocitopenia, anorexia, náuseas, vómitos, diarreia, erupção cutânea, febre, rigores, perturbações da função hepática, arritmia, hipotensão, artralgia e mortes.

Os efeitos tóxicos da quinina são zumbidos, vertigens, perturbações visuais, erupções cutâneas, náuseas, vómitos, diarreia, dores abdominais, febre, hipotensão, convulsões, depressão respiratória, irregularidades cardíacas, fraqueza, queda da pressão arterial e insuficiência renal com anúria.

Contra-indicações:

A hipersensibilidade sob a forma de erupções cutâneas, angioedema, sintomas visuais e auditivos são indicações para a interrupção do tratamento. Está contraindicado em doentes com zumbidos e neurite ótica. Deve ser utilizado com precaução em doentes com fibrilhação auricular. A hemólise é uma indicação para a interrupção imediata do medicamento.

Disponibilidade:

Está disponível sob a forma de comprimidos e cápsulas contendo 300 ou 600 mg da base. Também está disponível sob a forma de injecções, contendo 300 mg /ml.

E. Utilizações e aplicações do Quinine

Analgésico, anestésico, antiarrítmico, antibacteriano, antimalárico, antimicrobiano, antiparasitário, antipirético, antissético, antiespasmódico, antiviral, adstringente, bactericida, citotóxico, febrífugo, fungicida, inseticida, nervino, estomacal, tónico.

Utilizações principais:

1. para a malária

2. como auxiliar digestivo amargo para estimular os sucos digestivos

3. para cãibras nocturnas nas pernas

4. para parasitas e protozoários intestinais

5. para arritmia e outras doenças cardíacas

WORLDWIDE ETHNOMEDICAL USES	
Brazil	for anemia, anorexia, debility, digestive sluggishness, dyspepsia, fatigue, fevers, gastrointestinal disorders, indigestion, malaria
Europe	for alcoholism, anemia, antimalarial, appetite stimulant, cramps, debility, diarrhea, enlarged spleen, fevers, flatulence, gallbladder disorders, hair loss, irregular heartbeat, leg cramps, liver disorders, malaria, muscle pain, protozoal infections, and as a antiseptic
Mexico	malaria, and as an antiseptic, astringent, and tonic
US	for bacterial infections, colds, digestive disorders, dyspepsia, fevers, flu, headaches, heart palpitations, hemorrhoids, leg cramps, malaria, pain, varicose veins, viral infections, and as an appetite stimulant, astringent and cardiotonic
Venezuela	for cancer and malaria
Elsewhere	for amebic infections, bacterial infections, carditis, colds, contraceptive, cough, dandruff, diarrhea, digestive sluggishness, dysentery, dyspepsia, fever, flu, glandular disorders, hangovers, hemorrhoids, lumbago, malaria, neuralgia, pain, pinworms, pneumonia, sciatica, septic infections, sore throat, stomatitis, tumor (glands), typhoid, varicose veins, and as a insecticide, insect repellent, stimulant, and uterine tonic

F. <u>Actividades biológicas e investigação clínica</u>

Curiosamente, o quinino natural extraído da casca do quinino e a utilização de chá natural de casca de árvore e/ou extractos de casca de árvore estão a voltar a ser utilizados na gestão e no tratamento da malária. As estirpes de malária evoluíram e desenvolveram uma resistência aos medicamentos sintetizados à base de quinino. Foi demonstrado em estudos iniciais que uma dose eficaz de extrato natural de casca de quinino provocava a mesma atividade antimalárica que uma dose eficaz do medicamento sintetizado de quinino. Os cientistas estão agora a descobrir que estas novas estirpes de malária resistente aos medicamentos podem ser tratadas eficazmente com quinino natural e/ou extractos de casca de quinino. À medida que os agentes patogénicos em evolução desenvolvem uma resistência generalizada aos nossos antibióticos, antivirais e medicamentos antimaláricos padrão, não é de admirar que a utilização do medicamento natural da casca de quinino esteja a ser revista, mesmo por gigantes como a Organização Mundial de Saúde.

Uma utilização recente dos medicamentos à base de quinino tem sido o tratamento de espasmos musculares e cãibras nas pernas. Um estudo de 1998 documentou os efeitos benéficos do quinino para as cãibras nas pernas, sendo o zumbido o único efeito secundário documentado. Em 2002, foi realizado um estudo em dupla ocultação com placebo, no qual 98 pessoas com cãibras nocturnas nas pernas receberam 400 mg de quinino diariamente durante 2 semanas. Os resultados indicaram que o quinino administrado nesta dose reduziu eficazmente a frequência, a intensidade e a dor das cãibras nas pernas sem efeitos secundários relevantes. Esta utilização alimentou o mercado de produtos naturais e cada vez mais pessoas procuram a casca de quinino natural como alternativa aos medicamentos sintetizados prescritos para este fim. [17,19]

G. **Formulação**

A. Quinina

- *Comprimidos de cloridrato de quinina, dicloridrato de quinina ou sulfato de quinina contendo 82%, 82% e 82,6% de base de quinina, respetivamente. As formulações de bissulfato de quinino, que contêm 59,2% de base, estão menos disponíveis.*

- *Soluções injectáveis de cloridrato de quinino, dicloridrato de quinino ou sulfato de quinino contendo, respetivamente, 82%, 82% e 82,6% de base de quinino.*

Eficácia

O quinino é normalmente eficaz contra as infecções por falciparum que são resistentes à cloroquina e às combinações de sulfa e pirimetamina. Foi detectada uma diminuição da sensibilidade ao quinino em zonas do Sudeste Asiático onde tem sido amplamente utilizado na terapêutica da malária. Isto ocorreu particularmente quando a terapêutica foi administrada num ambiente não supervisionado e ambulatório com regimes superiores a 3 dias. Nestes contextos, a adesão dos doentes à terapêutica é baixa, levando a um tratamento incompleto; isto pode ter levado à seleção de parasitas resistentes. Existe alguma resistência cruzada entre o quinino e a mefloquina, o que sugere que a utilização alargada de quinino na Tailândia pode ter influenciado o desenvolvimento de resistência à mefloquina nesse país (31). As estirpes de *P. falciparum* de África são geralmente muito sensíveis ao quinino.

Tratamento recomendado : A quinina pode ser administrada por via oral, intravenosa ou intramuscular. A quinina ou compostos que contenham quinina, como o Quinimax® , não devem ser administrados isoladamente para a

tratamento da malária em cursos curtos, por exemplo, 3 dias, devido à possibilidade de recrudescência (200).

Quando administrado a doentes com malária não complicada, o quinino deve ser administrado por via oral, se possível, segundo um dos seguintes regimes:

☐ *Zonas onde os parasitas são sensíveis ao quinino:>*

Sulfadoxina 1 500 mg ou sulfaleno 1500 mg mais pirimetamina 75 mg administrados no primeiro dia do tratamento com quinino.

☐ *Áreas com diminuição acentuada da suscetibilidade do P. falciparum ao quinino*

Quinino 8 mg de base por kg três vezes por dia durante 7 dias

   mais

Doxiciclina 100 mg de sal por dia durante 7 dias (não em crianças com menos de 8 anos de idade e não durante a gravidez); um regime farmacologicamente superior incluiria uma dose de carga de 200 mg de doxiciclina seguida de 100 mg por dia durante 6 dias.

   ou

Tetraciclina 250 mg quatro vezes por dia durante 7 dias (não em crianças com menos de 8 anos de idade e não na gravidez).

Utilização na gravidez

O quinino é seguro na gravidez. Estudos demonstraram que as doses terapêuticas de quinino não induzem o parto e que a estimulação das contracções e a evidência de sofrimento fetal associadas à utilização de quinino podem ser atribuídas à febre e a outros efeitos da doença da malária (110). O risco de hipoglicemia induzida pelo quinino é, no entanto, maior do que nas mulheres não grávidas, sobretudo em caso de doença grave. Por conseguinte, é necessária uma vigilância especial.

B. QUINIMAX [®]

O Quinimax[®] é uma associação de quatro alcalóides da cinchona: quinina, quinidina, cinchonina e cinchonidina. Anteriormente, encontrava-se disponível sob a forma de comprimidos de 100 mg, ampolas de 500 mg, 200 mg e 400 mg e supositórios. Cada comprimido de 100 mg continha 96,10 mg de bicloridrato de quinina-resorcina (59,3 mg de base de quinina), 2,55 mg de bicloridrato de quinidina-resorcina (1,6 mg de base de quinidina), 0.68 mg de bicloridrato de cinchonina-resorcina (0,4 mg de base de cinchonina) e 0,67 mg de bicloridrato de cinchonidina-resorcina (0,4 mg de base de cinchonidina). Estes foram reformulados e as preparações atualmente disponíveis incluem comprimidos de 100 mg e 125 mg de base dos quatro componentes, e ampolas de 125 mg, 250 mg e 500 mg de base dos quatro componentes. Os supositórios já não estão disponíveis.

O Quinimax[®] demonstrou ser um pouco mais eficaz do que o quinino in vitro e em modelos animais, além de produzir níveis plasmáticos um pouco mais elevados nos seres humanos. Foi alegado um efeito sinérgico da associação, mas este é duvidoso. Estudos limitados não mostram qualquer diferença significativa entre a eficácia terapêutica do Quinimax[®] e a do quinino (205). A injeção intramuscular de Quinimax[®] é mais bem tolerada do que a injeção intramuscular de dicloridrato de quinino. O Quinimax[®] é mais utilizado do que os sais de quinina genéricos em muitos países, nomeadamente na África francófona.

C. QUINIDINA

A quinidina é um distereoisómero da quinina, com propriedades antimaláricas semelhantes. Está disponível sob a forma de comprimidos de 200 mg de base de quinidina como sulfato e sob a forma de uma formulação de libertação lenta (Quinidine SR[®]). É ligeiramente mais eficaz do que a quinina, mas tem um maior efeito cardiosupressor (110). Noutros aspectos, a toxicidade e as interações medicamentosas da quinidina são semelhantes às da quinina

3.2 <u>Artemísias</u>

O género Artemisia spp, inclui a erva Estragão. As plantas são herbáceas ou sufruticosas (lenhosas na parte inferior do caule, mas com ramos anuais herbáceos) perenes e raramente são arbustos ou ervas anuais. Possuem folhas alternas pinadas ou palmatisectas. Os racemos ou panículas racemosas apresentam numerosas flores pequenas. A altura das plantas varia consoante a espécie, de 30 a 120 cm. [21,22]

<u>Constituições químicas das Artemísias</u>

Princípios amargos: absinto"

cumarinas: cronewort, estragão"

e Óleos essenciais (complexos, específicos de cada variedade, com centenas de componentes por planta): cronewort (rico em cânfora, tujona), estragão, absinto (rico em cânfora, tujona) flavonóides: cronewort, estragão" glicosídeos:" cronewort, estragão hormonas: erva-cidreira (sitosterol, estigmasterol)" s lactonas sesquiterpénicas: erva-cidreira

.

<u>Espécies de Artemisias</u>

Algumas das muitas espécies de Artemisia que os herboristas e jardineiros utilizam:

A. *abrotanum (pau-santo)* "

A. *absinthium (absinto)* "

A. *"afra (absinto africano)*

A. *annua (Annie doce, qing hao)"*

A. *"camphorata" (pau-santo com cheiro a cânfora)*

A. *drancuncula (estragão, " estragon, dragãozinho)*

A. *frigida (artemísia franjada)* "

A. lactiflora" (planta-fantasma)

A. ludoviciana (rainha prateada) "

A. pontica (absinto "romano")

A. schmidtiana (monte prateado) "

A. stellerana (mulher velha, " *moleiro empoeirado)*

A. tridentata (artemísia; artemísia de três dentes) "

A. "*vulgaris (erva-cidreira, artemísia)*

3.2 <u>Artemisia vulgaris:</u>

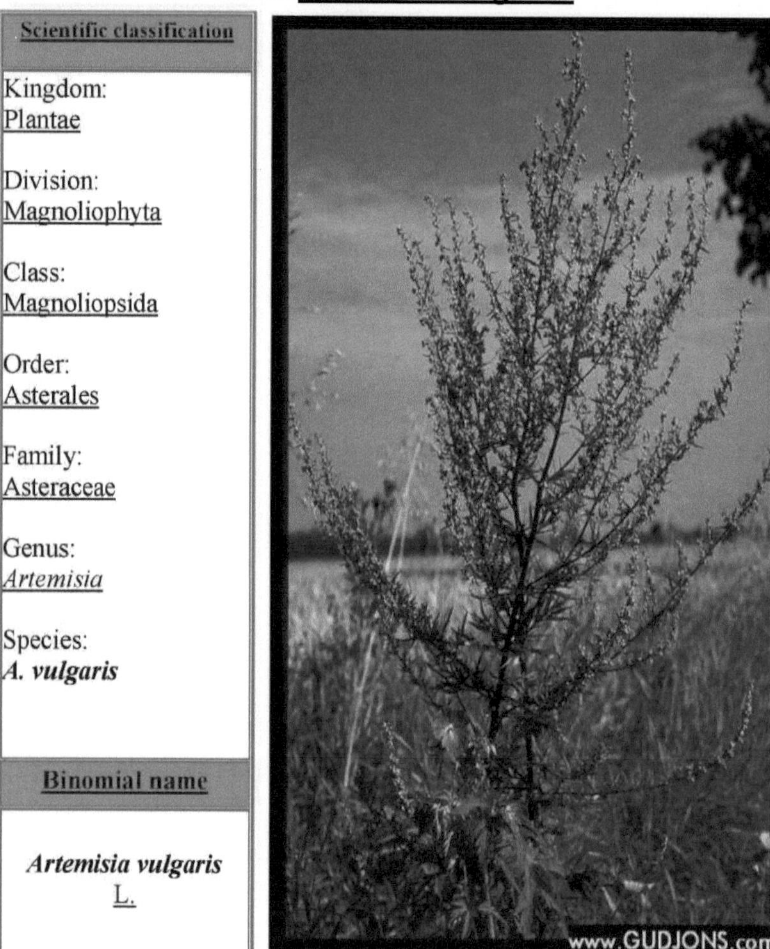

Common Name:	Artemisia Oil (Armoise Oil)
Botanical Name:	Artemisia vulgaris L.

<h1 style="text-align:center">A. <u>Origem e propriedade</u></h1>

Geographic origin of the plant:	Western Nepal
Method of growing:	Wild

Introduction / Varity of plant / Method of extraction / Distilled organ:	The essential oil is obtained by steam distillation of the aerial part of Artemisia vulgaris L.

1. <u>Organoleptic Properties</u>

Appearance	Fluid liquid.
Color	Pale yellow or slightly greenish.
Aroma	Powerful, fresh-camphoraceous, somewhat green & bitter-sweet.

2. <u>Physico-chemical Properties</u>

Specific gravity	0.8786 to 0.9265 at 25° C
Optical rotation	[-] 13.25° to [-] 29.35° at 25° C
Refractive index	1.350 to 1.49 at 25° C
Acid number	2.49 to 6.5
Ester number	25.05 to 55
Ester number after acetylation	65 to 90
Solubility	Insoluble in alcohol

3. <u>Uses</u>

(a) In perfumes and as a flavoring agent

Sinónimos : ÓLEO DE ARMOISE (ARTEMÍSIA VULGARIS); ÓLEO DE ARTEMÍSIA (ARTEMÍSIA VULGARIS); ÓLEO DE YOMUGI (ARTEMÍSIA VULGARIS); ÓLEO DE ARTEMÍSIA VULGARIS; ÓLEO DE ARTEMÍSIA COMUM;

A A. vulgaris parece ter sido originária da Europa de Leste e da Ásia Ocidental. A maioria destas espécies encontra-se em estado selvagem e abundante em todas as zonas temperadas e temperadas frias do mundo. É uma erva daninha muito comum na Europa Central, no Sudeste da Europa, na Índia, na China e no Japão. Esta erva aromática perene, com 60 a 120 cm de altura, tem uma raiz ramificada, folhas verde-escuras profundamente recortadas com caules avermelhados, estriados e angulosos, glabrescentes ou esparsamente pubescentes. Os floretes da planta são polinizados pelo vento. [28,30,42]

B. <u>Estudo Morfológico e Cultivo</u>

<u>Morfologia</u>

É uma <u>planta herbácea perene</u> alta que cresce 1-2 m (raramente 2,5 m) de altura, com uma raiz lenhosa. <u>As folhas</u> têm 5-20 cm de comprimento, são verde-escuras, pinadas, com densos pêlos tomentosos brancos na parte inferior. O caule ereto apresenta frequentemente uma tonalidade vermelho-arroxeada. As flores, bastante pequenas (5 mm de comprimento), são radialmente simétricas, com muitas pétalas amarelas ou vermelho-escuras. Os capitulos (cabeças de flores) estreitos e numerosos estendem-se em panículas racemosas. Floresce de julho a setembro.

<u>Caraterísticas:</u>

Descrição do odor: Poderoso e fresco Cedro, Menta, Cânfora, Salva, Ervas, Amargo e Doce

Aparência : Líquido amarelo pálido âmbar a quase incolor

Mistura-se bem com: Patchouli; Alecrim; **Salva** esclareia; 3,3-dimetil-1,5-dioxaspiro[5.5]undecano; 3,3-dimetil-2-(3-butenil)norbornanol;

Insolúvel em : Água;

Algumas utilizações em perfumaria: Folha de cedro; Bálsamo; Lavandim; Feto; Fragrâncias pós-barba;

Utilização tradicional: emoliente, calmante, relaxante muscular, antimalárico. **Origem geográfica**: Erva perene nativa de África, da Ásia temperada e da Europa, amplamente naturalizada na maior parte do mundo. Encontrada a crescer em sebes e bermas de caminhos, em terrenos incultos e baldios. .

Aspectos culturais:-

O cultivo é bastante fácil A artemísia prefere um solo argiloso ligeiramente alcalino e bem drenado, numa posição solarenga. Planta arbustiva de crescimento alto, com caules angulosos, muitas vezes arroxeados, que atingem 1 metro ou mais de altura. As folhas são lisas e verde-escuras por cima e cobertas por uma penugem de algodão por baixo. São alternadas, com lóbulos pinados e segmentadas. As pequenas flores amarelo-esverdeadas são espigas em panículas com um aspeto de algodão. A floração ocorre de julho a outubro. A artemísia está intimamente relacionada com o absinto comum. Recolhe as folhas e os caules quando estão em flor, seca para uso posterior. Como gargarejo para dores de garganta, lavagem para feridas e cataplasma para infecções, tumores e para estancar hemorragias. Estas acções e utilizações são agora apoiadas por estudos científicos As folhas têm uma ação antibacteriana, inibindo o crescimento de Staphococcus aureus, Bacillus typhi, B. dysenteriae, estreptococos, E. coli, B. subtilis e pseudomonas. Um chá fraco feito com a planta em infusão é um bom inseticida para todos os fins. A planta fresca ou seca repele os insectos. [54,56]

Componentes químicos:-

Principais constituintes óleos voláteis contendo 1,8-cineol, artemisina, azulenos, lactonas sesquiterpénicas, flavonóides, derivados da cumarina, taninos, tujona e triterpenos. A planta contém óleos etéreos (como o cineol, ou óleo de absinto, e tujona), flavonóides, triterpenos e derivados cumarínicos. [38,42,45]

Utilização

Mastigar algumas folhas elimina o cansaço e estimula o sistema nervoso. Era também utilizada como anti-helmíntico, pelo que é por vezes confundida com o absinto (Artemisia absinthium).

C. __Perfil de produção__

Produção e rendimentos actuais:-

Os países da UE-15 que demonstram atualmente interesse na Artemisia são a Áustria, a
Finlândia, a França, a Itália, a Suécia e o Reino Unido. Destes, a França e a Suécia estão
atualmente a realizar estudos-piloto sobre a Artemisia.

Rendimentos petrolíferos - tonelagem no mercado mundial:-

Plant	World market Tonnage	Available oil yield kg/ha
Artemisia (Wormwood)	7	25
Tarragon	10	12

Restrições à produção

A Southernwood é nativa da Ásia Ocidental e naturalizou-se em Espanha, Itália e outros
países mediterrânicos. Não dá sementes e raramente floresce no Reino Unido ou no norte da
Europa. No sul da Europa é rara em estado selvagem, mas é cultivada para a indústria de
perfumes. A planta é extremamente agressiva e invasiva e inibe o crescimento das plantas
vizinhas através das secreções das raízes. A planta propaga-se tanto por sementes como por
vegetação; a dispersão ocorre na maioria dos casos por sementes provenientes de plantas em
sebes. A severidade da artemísia como erva daninha causa problemas em alguns sistemas
agrícolas, uma vez que é muito difícil de erradicar uma vez estabelecida. A ocorrência de
voluntários está a tornar-se uma preocupação crescente nesses sistemas agrícolas. [40,41,46]

D. __Mercados e potencial de mercado__

As folhas e as raízes da planta fornecem uma erva digestiva e tónica que tem uma grande
variedade de utilizações tradicionais. Pode ser tomada a longo prazo, numa dose baixa, para
melhorar o apetite, a função digestiva e a absorção dos nutrientes. Pode também ser tomada
para eliminar os vermes. A A. vulgaris é tradicionalmente tomada para ajudar o parto e as

suas consequências. A artemísia contém um óleo volátil, uma lactona sequiterpénica, flavonóides, derivados da cumarina e triterpenos. As lactonas sesquiterpénicas têm muitas propriedades que incluem: Sabor amargo, antibiótico, anti-helmíntico, anti-inflamatório e fitotóxico. As actividades citotóxicas também foram amplamente investigadas (D. Frohne e J. Pfander, 1984). Um óleo essencial conhecido como óleo de Artemisia ou óleo de Armoise é obtido por destilação a vapor da parte aérea de Artemisia vulgaris e é utilizado em perfumes.

3.3 <u>Cryptolepis:</u>

A. <u>História :</u>

A raiz da planta cryptolepis (Cryptolepis sanguinolenta (Lindl.) Schlecter, Asclepiadaceae ou Periplocaceae) é utilizada na medicina tradicional africana para tratar uma série de doenças, incluindo a malária.Investigações científicas indicaram uma série de efeitos biológicos/farmacológicos de compostos isolados do material vegetal, incluindo efeitos antibacterianos, anti-hiperglicémicos, anti-inflamatórios, anti-plasmodiais/anti-maláricos e anti-virais. Alguns destes efeitos foram demonstrados no extrato bruto, bem como nas suas fracções, incluindo um efeito inibidor dependente da dose na via clássica de fixação do complemento. Durante os últimos anos, a cryptolepis recebeu atenção adicional da divisão de fitomedicina de uma empresa farmacêutica do Gana, que desenvolveu um chá de ervas com base nesta erva medicinal tradicional e demonstrou recentemente a eficácia clínica de uma formulação em saquetas de chá no tratamento da malária. Um estudo clínico preliminar realizado em 1989 com um extrato aquoso de cryptolepis, preparado através da fervura de raízes de cryptolepis em pó em água, também sugeriu a eficácia do material vegetal contra a malária. [58,60,63]

B. <u>Nomenclatura e Taxonomia</u>:-

Cryptolepis é derivado da raiz de Cryptolepis sanguinolenta; syn. C. triangularis N.E. Br., e Pergularia sanguinolenta Lindl. O seu nome comum entre as várias tribos do Gana inclui nibima (entre os povos de língua Twi), kadze (entre os Ewe), e g ngamau (entre os Hausa). Também é conhecida como quinina do Gana ou raiz de corante amarelo. Embora o extrato aquoso tenha um sabor amargo, este nome baseia-se provavelmente na utilização comum da planta como substituto do alcaloide anti-malárico quinina, e não deve ser confundido com este. Há algumas décadas, o quinino era o medicamento de eleição para o tratamento da malária, e ainda é utilizado em zonas onde existe resistência aos medicamentos contra a malária à base de cloroquina.

De acordo com a prática comum com plantas medicinais populares que não têm nomes comuns aceites em inglês, o nome comum cryptolepis, baseado no seu nome genérico latino, será utilizado ao longo deste documento. [57,63,65]

Nome comum : Raiz de tintura amarela (Ghane quinine)

Nome botânico : Cryptolepis Sanguinolenata

Parte da planta utilizada: Raiz

C. <u>Estudo morfológico :</u>

<u>Morfologia</u>:-

O Cryptolepis é um arbusto de caule fino, que se enrosca e se enreda. As folhas são pecioladas, glabras, elípticas ou oblongo-elípticas, com até 7 cm de comprimento e 3 cm de largura. As lâminas têm um ápice agudo e uma base simétrica. As cimeiras de inflorescência, laterais nos rebentos dos ramos, são pouco floridas, com um tubo de corola amarelo de até 5 mm de comprimento. Os frutos são emparelhados em folículos lineares e têm forma de corno. As sementes têm forma oblonga, são pequenas (em média 7,4 mm de comprimento e 1,8 mm no meio) e rosadas, embebidas em longos pêlos sedosos. As fotografias nestas páginas mostram a raiz e outras partes da planta de cryptolepis. [55,59,61]

O cryptolepis seco tem um aroma doce. A raiz, a parte da planta utilizada para o tratamento da malária, varia de 0,4-6,6 cm de comprimento e 0,31-1,4 cm de largura e tem um sabor amargo. A superfície da raiz é de cor castanha clara a média. A textura é dura e quebradiça, rígida longitudinalmente com

fissuras e estrias. As radículas não estão presentes. As raízes cortadas apresentam uma superfície amarela brilhante, como se vê na foto desta página.

D. <u>Estudo farmacológico</u>

Biologia e Farmacologia

Foram demonstradas numerosas actividades biológicas/farmacológicas nos extractos das raízes de C. sanguinolenta, bem como para os alcalóides isolados destes extractos. Estas incluem efeitos anti-plasmodiais (tanto para estirpes do parasita da malária sensíveis à cloroquina como para estirpes resistentes à cloroquina), anti-bacterianos, anti-virais, anti-inflamatórios, anti-diabéticos e hipotensores, [63,64]

Ensaios clínicos

Num estudo preliminar destinado a comparar a eficácia de um extrato aquoso de criptolepis com a da cloroquina, G.L. Boye, da Universidade do Gana, utilizou o teste in vivo alargado de sete dias da OMS[43] para medir a resposta de P. falciparum em vários pacientes que frequentavam a clínica ambulatória do Centro de Investigação Científica em Medicina Vegetal, uma instalação no Gana onde os médicos ortodoxos colaboram com os médicos tradicionais. Foram recrutados para o estudo pacientes com malária com parasitemia de 1.000 a 100.000 parasitas P. falciparum por 8.000 glóbulos brancos, e negativos para cloroquina urinária e sulfonamida. Os doentes receberam um extrato aquoso de raízes de criptolepis obtido por fervura do pó da raiz da planta em água quente, na dose prescrita pelo ervanário local, ou cloroquina de acordo com a dose prescrita. Após 7 dias, os indivíduos foram observados semanalmente durante 3 semanas. Os resultados deste estudo aberto, aleatório e comparativo indicaram que a eficácia da criptolepsia no tratamento da malária era comparável à da cloroquina[1] . Todos os 22 pacientes do estudo responderam clinicamente e a parasitemia assexuada foi eliminada em 7 dias. Não se registou qualquer recorrência de parasitemia durante o período de acompanhamento. O tempo médio de eliminação do parasita nos 12 pacientes que tomaram extrato de criptolepis foi de 3,3 dias, em comparação com 2,3 dias nos 10 pacientes que tomaram cloroquina. O que é importante neste ensaio é o facto de o autor afirmar que a eficácia do extrato neste estudo foi semelhante à da cloroquina. O tempo médio de eliminação da febre no grupo tratado com extrato de criptolepis foi de 36 horas, em comparação com 48 horas no grupo tratado com cloroquina. Ao contrário dos doentes do grupo da cloroquina, os doentes do grupo da criptolepis não necessitaram de antipiréticos (medicamentos para baixar a febre).

Mais recentemente, um outro ensaio clínico aberto e não controlado foi conduzido por Boye, que demonstrou a eficácia clínica do Phyto-laria® , um produto de raízes de cryptolepis formulado como chá para utilização no tratamento da malária aguda não complicada (Phyto-Riker Pharmaceuticals, Phytomedicine Division, Accra, Gana).[20] O Phyto-laria é aprovado pela agência reguladora de medicamentos do Gana, a Food and Drugs Board, e é embalado com instruções sobre o volume de água a ferver a utilizar por chá[bag. 59,63]

Cada paciente recebeu uma saqueta de chá, para consumir 3 vezes por dia durante 5 dias de tratamento. A dose administrada foi baseada na dose calculada a partir das decocções prescritas pelos curandeiros tradicionais. Os resultados deste estudo indicaram um tempo médio de eliminação do parasita de 82,3 horas (24-144 horas). O tempo médio de eliminação da febre foi de 25,4 horas (12-96 horas). Estes valores são comparáveis aos obtidos com a cloroquina no Gana e noutros locais da África Ocidental.

Segurança

A segurança é uma das considerações mais importantes para a avaliação de qualquer agente administrado para o tratamento de uma doença. A avaliação da toxicidade é, por conseguinte, fundamental na investigação e desenvolvimento de fitomedicamentos. Pensa-se que a criptolepina interage com o ADN[13] , o que pode resultar em toxicidade.

A prova de que o ADN é o alvo direto da criptolepina foi fornecida por Bonjean e seus colaboradores. O seu trabalho demonstrou que a criptolepina se liga fortemente ao ADN. Como é sabido, o ADN no núcleo dos organismos vivos existe como uma dupla hélice, duas bobinas ou hélices entrelaçadas. Alguns compostos químicos podem inserir-se, ou intercalar-se, entre as duas hélices, interferindo assim com as funções do ADN que dependem desta estrutura helicoidal dupla única. Uma dessas funções é a divisão celular, precedida pela replicação do material nuclear e pela separação dos dois conjuntos de material nuclear resultantes da replicação. A replicação do ADN ocorre através da síntese de ácidos nucleicos, utilizando uma cadeia não enrolada de ADN como molde. As reacções responsáveis pela replicação do material nuclear devem, portanto, envolver o desenrolar e o enrolamento do ADN, sendo catalisadas por um conjunto de enzimas, incluindo as responsáveis pelo desenrolar e relaxamento do ADN para remover as hélices fortemente enroladas. Uma dessas enzimas é conhecida como topoisomerase, responsável pela interconversão entre as formas relaxadas e enroladas do ADN. Para que esta interconversão ocorra, o ADN tem de ser cortado e depois unido novamente. A topoisomerase I corta apenas uma das cadeias do ADN de cadeia dupla e a topoisomerase II corta ambas as cadeias. Quando as topoisomerases são inibidas, a replicação do ADN deixa de ocorrer.

A criptolepina demonstrou ser um potente inibidor da topoisomerase II. O seu efeito consiste em impedir a divisão da célula e é provavelmente a base do seu efeito sobre os microrganismos, incluindo o parasita da malária. É também a base para ser considerado um promissor agente anti-tumoral. [68,71]

Foram comunicados casos de toxicidade dos extractos aquosos de Cryptolepis e de compostos isolados do material vegetal quando foram utilizadas linhas celulares habitualmente utilizadas para avaliar a atividade antitumoral ou métodos in vitro de avaliação de riscos.[43] Também foi registada citotoxicidade em sistemas de teste antiviral. Num estudo, a citotoxicidade, medida como atividade antitumoral (contra células de melanoma B16), não se correlacionou com a toxicidade no modelo in vivo de ratinho para a malária utilizado no mesmo estudo. Phyto-laria, o produto de cryptolepis formulado sob a forma de chá, foi avaliado in vivo através da administração oral a ratinhos, ratos e coelhos e utilizando os testes convencionais de toxicidade aguda e de química clínica. Esta formulação em saquetas de chá, que representa uma preparação aquosa, revelou-se segura. A DL50 (dose letal em que 50% dos animais testados morrem) obtida foi superior a 2.000mg/kg, mais de duas ordens de grandeza superior à dose efectiva. É digno de nota que Luo et al. relatam a utilização do extrato de cryptolepis como tónico, frequentemente tomado diariamente durante anos sem evidência de efeitos secundários ou toxicidade.

IN VITRO:-

As actividades anti-plasmódicas in vitro, que são indicativas de atividade anti-malária, foram realizadas utilizando a inibição da incorporação do parasita da malária nos glóbulos vermelhos. Num estudo em que foram utilizadas tanto a estirpe D6 sensível à cloroquina como as estirpes K-1 e W-2 resistentes à cloroquina do parasita da malária, a atividade anti-plasmódica foi medida utilizando a incorporação de^3 H-hypoxanthine em glóbulos vermelhos infectados com P. falciparum, o ensaio anti-plasmódico padrão. Verificou-se que os extractos aquoso, alcoólico e alcaloide total e os compostos isolados do material vegetal eram eficazes contra as três estirpes de parasitas em graus variáveis. Dos extractos, o alcaloide total foi o mais ativo com valores médios de IC50 de 47, 42 e 54 micromolares para as três estirpes, respetivamente, em comparação com valores de 2,3, 72 e 68 micromolares para a cloroquina. O extrato aquoso foi o menos ativo. Dos compostos isolados, a criptolepina foi o mais eficaz, com valores médios de IC50 de 27, 33 e 41 micromolares para as estirpes D6 sensíveis à cloroquina e K-1 e W-2 resistentes à cloroquina, respetivamente. A hidroxicriptolepina foi o segundo melhor composto, com valores de IC50 de 31, 45 e 59 micromolar, respetivamente, seguida da neocriptolepina. A quindolina, ou nor-criptolepina, sem o grupo metilo, foi o antiplasmódico menos ativo dos compostos isolados.[35] Isto é uma indicação de que o grupo metilo contribui para a atividade antimalárica, pelo menos em parte. O resultado deste estudo relativamente à estirpe K-1 está de acordo com o trabalho de Noamesi e colaboradores,[15] , bem como de Kirby e colaboradores, que relataram a atividade antiplasmódica da criptolepina contra a estirpe K-1 multirresistente de P. falciparum.

Num outro estudo, Wright et al, utilizando a estirpe K1 multirresistente de P. falciparum e um método de avaliação da inibição do crescimento do parasita baseado na medição da atividade da lactato desidrogenase, mostraram que, entre várias bases anidrónicas, apenas a criptolepina, o principal alcaloide da criptolepis, tinha uma atividade antiplasmódica semelhante à da cloroquina.O valor médio de IC50, determinado a partir da análise de regressão linear das curvas de resposta à dose, foi de 0,114 micromolar para a criptolepina, em comparação com um valor médio de 0,2 micromolar para o difosfato de cloroquina. [70, 73]

A inibição da formação de beta-hematina num sistema sem células é outro teste in vitro para a atividade anti-plasmódica. A redução ou eliminação dos picos caraterísticos da beta-hematina a 1663 e 1210 cm^{-1} num espetro de infravermelhos indica eficácia. A criptolepina demonstrou ser eficaz neste modelo, desaparecendo os picos quando a mistura de reação foi pré incubada com o alcaloide, sugerindo que o efeito antiplasmódico da criptolepina dependia, pelo menos em parte, de um modo de ação semelhante ao da quinina. Um método relativamente simples de medir a beta-hematina, utilizando a absorvância num espetrofotómetro simples, está atualmente a ser utilizado no Departamento de Bioquímica da Universidade do Gana e poderia ser adotado para avaliar a eficácia dos extractos de cryptolepis e dos compostos isolados a partir deles num esforço de investigação e desenvolvimento para desenvolver este fitomedicamento específico.Foram realizados estudos para avaliar as propriedades antimicrobianas dos extractos de cryptolepis e dos compostos isolados a partir deles. Num programa de avaliação biológica para justificar os usos tradicionais de fitoterápicos, a cryptolepis foi estudada devido à sua utilização bem sucedida no tratamento da diarreia causada pela amebíase intestinal, tendo-se revelado eficaz in vitro contra a Entamoeba histolytica. As doenças diarreicas são muito comuns na África Ocidental e, por conseguinte, qualquer remédio antidiarreico é de grande interesse. Mais de 100 estirpes de espécies de Campylobacter, que são agentes causadores de gastroenterite, foram utilizadas para estudar o efeito da criptolepis e de compostos isolados da mesma em bactérias diarreicas. A constatação de que a criptolepina foi mais eficaz do que o co-trimoxazol e o sulfametoxazol, tão eficaz como a ampicilina e menos eficaz do que a eritromicina e a estreptomicina, os antibióticos normalmente utilizados contra doenças diarreicas, indica que a criptolepis pode ser um remédio potencial para a diarreia. O extrato etanólico, não o aquoso, teve atividade mas não tão boa como a do alcaloide isolado.

O efeito do material vegetal não foi tão dramático quando o Vibrio cholerae, o agente causador de infecções entéricas, foi utilizado como organismo de teste. Obviamente, a cryptolepis poderia ser usada como terapia para a gastroenterite, embora não seja conhecida como tal na região onde é usada para tratar uma série de infecções.

Alguns efeitos farmacológicos da cryptolepis, sem qualquer relação com a utilização da planta na medicina popular, são as suas propriedades anti-inflamatórias e anti-hiperglicémicas. Já passaram mais de duas décadas desde que as propriedades anti-inflamatórias foram estabelecidas, como indicado pela inibição do edema induzido pela carageenina e da agregação plaquetária (O edema induzido pela carageenina é um teste farmacológico típico para fármacos anti-inflamatórios; a carageenina, uma preparação gelatinosa feita a partir de algas marinhas, é injectada em partes, frequentemente na pata, de animais de teste para produzir uma inflamação localizada - normalmente, o tipo caracterizado por fluidos acumulados, ou seja, edema. O agente testado é então medido quanto à sua capacidade de inibir a inflamação resultante). A propriedade anti-hiperglicémica foi demonstrada como um aumento da eliminação de glicose mediada pela insulina num modelo de diabetes em ratos e num sistema in vitro utilizando o ensaio de transporte de glicose 3T3-L1, indicando um efeito na diabetes de tipo 2 Também foram comunicadas propriedades hipotensoras, incluindo efeitos na transmissão nervosa colinérgica, nos receptores alfa-adreno e nos receptores muscarínicos. A malária e outras doenças infecciosas são mais prevalentes na sub-região da África Ocidental e, por isso, as propriedades anti-plasmódicas e anti-bacterianas da cryptolepis são mais interessantes. No entanto, não se deve subestimar o potencial da cryptolepis no tratamento de algumas destas outras doenças.

E. <u>Utilização etnobotânica tradicional</u>

A planta demonstrou ser importante na medicina tradicional da África Ocidental. O extrato aquoso de cryptolepis é utilizado pelos curandeiros tradicionais Fulani na Guiné-Bissau para tratar a iterícia e a hepatite.[1] No Zaire e no distrito de Casamance, no Senegal, as infusões das raízes são utilizadas no tratamento de perturbações gástricas e intestinais.[2,27] No Gana, as decocções de raízes secas da erva, preparadas através da fervura das raízes em pó em água, são utilizadas na medicina tradicional para tratar várias formas de febres, incluindo a malária, infecções urinárias e das vias respiratórias superiores, reumatismo e doenças venéreas. O Cryptolepis é utilizado na medicina tradicional congolesa para o tratamento da amebíase. Uma decocção aquosa da casca da raiz de Cryptolepis é utilizada no Congo para este tratamento.

O alcaloide principal, a criptolepina, foi isolado pela primeira vez de C. sanguinolenta na Nigéria e mais tarde no Gana por Dwuma-Badu e os seus colaboradores. De acordo com Ablordeppey et al. e Tackie et al. este alcaloide indoloquinolina foi isolado das raízes de C. triangularis, uma planta nativa do Congo Belga e sinónimo de C. sanguinolenta. Curiosamente, a criptolepina foi sintetizada artificialmente pela primeira vez em 1906 por

Fichter et al., mas a criptolepina natural de C. triangularis isolada por Clinquart foi registada 23 anos mais tarde, em 1929.

Para além da criptolepina, foram isolados da C. sanguinolenta vários alcalóides menores relacionados e os seus sais. Estes incluem o cloridrato (embora o sal de cloridrato de um composto químico não seja normalmente considerado um composto distinto) e os derivados 11-hidroxi da criptolepina, criptoheptina, iso- e neo-criptolepina, quindolina e os dímeros biscriptolepina, criptoquindolina e criptospirolepina. Verificou-se que os dímeros são menos activos do que os monómeros e incluem a criptosanguinolentina, a criptotakienina e a criptomisrina.

A criptolepina da ma, o principal alcaloide da cryptolepis, não é o único alcaloide com atividade biológica/farmacológica. Quase todos os alcalóides menores têm também atividade anti-plasmódica. No entanto, as suas actividades, baseadas na inibição da estirpe sensível à cloroquina do parasita Plasmodium falciparum, são inferiores à atividade da criptolepina. As amostras de cryptolepis contêm criptolepina em concentrações variáveis e, uma vez que os alcalóides menores também têm atividade biológica, é questionável utilizar apenas o teor de criptolepina para a normalização. O teor total de alcalóides ou a cromatografia em camada fina de alto desempenho (HPTLC) com densitometria seriam os métodos analíticos preferidos para a normalização. [69, 70]

Observações finais :-

Na descoberta de novos fármacos a partir de preparações botânicas medicinais, a maioria das empresas farmacêuticas utiliza uma abordagem que assenta num rastreio aleatório, sobretudo in vitro, baseado em mecanismos e de elevado rendimento, especialmente nas fases iniciais. Esta abordagem conduz à formulação de um medicamento baseado num composto químico puro isolado de uma planta medicinal ou num derivado desse composto. Uma via alternativa baseia-se em informações etnomédicas obtidas principalmente junto de médicos tradicionais (PMT) e em resultados inequívocos da investigação biológica/farmacológica de vários cientistas e clínicos que trabalham com os produtos utilizados por estes PMT. Esta última abordagem é a utilizada pela Divisão de Fitomedicina da Phyto-Riker, associada a testes de toxicidade e de confirmação clínica.

A investigação científica, que deve ser uma parte importante deste caminho alternativo, não se limita a injetar ciência na arte de curar praticada pelos povos indígenas com plantas medicinais, mas também a fazer com que esta arte sirva melhor os indígenas e outros povos.

Como demonstrado em alguns trabalhos de investigação sobre a biologia/farmacologia da cryptolepis, o extrato alcoólico é mais eficaz do que o extrato aquoso que as pessoas utilizam normalmente. Seria útil efetuar testes de toxicidade adequados para garantir que o extrato etanólico mais eficaz é tão seguro como o extrato aquoso e que não extrai da planta compostos tóxicos para o ser humano, para além de extrair mais compostos eficazes e seguros. Quando isto tiver sido feito e a segurança do extrato etanólico tiver sido assegurada, poderá ser formulado um produto melhor.

Tal como demonstrado no artigo de farmacologia que acompanha a presente publicação, a criptolepis, ou compostos extraídos da mesma, tem propriedades antimicrobianas, afectando vários microrganismos diferentes. Na África Ocidental, de onde a planta é originária, as infecções causadas por microrganismos são galopantes. A malária também é endémica na sub-região. Uma fitomedicina capaz de tratar a malária e outras infecções poderia constituir um excelente remédio para toda uma série de doenças que afectam a maioria das pessoas. É por esta razão que muitos profissionais de saúde locais estão empenhados em promover os esforços de investigação científica necessários para o desenvolvimento de tal remédio. A qualidade, a segurança e a eficácia são obviamente questões fundamentais. A avaliação destes parâmetros deve ser efectuada no extrato da planta para que possam ser produzidos remédios padronizados de materiais vegetais sem necessidade de processos que tornariam o remédio extremamente caro e inacessível a um grande número de pessoas.

3.4 <u>Yingzhaosu</u>

{Endoperóxido antimalárico de ocorrência natural}

A evolução das estirpes de malária resistentes aos medicamentos padrão à base de quinino levou a um interesse renovado em novos medicamentos antimaláricos com um modo de ação divergente. Os compostos que contêm uma funcionalidade endoperóxido constituem uma classe promissora de medicamentos antimaláricos. O Yingzhaosu A (**1**) foi isolado de um extrato de ervas utilizado na China como remédio popular contra a malária[1] e foi subsequentemente obtido por síntese total. Embora se saiba que muitos análogos do Yingzhaosu A apresentam atividade antimalárica na gama de baixos nanomolares,[3a,b] pouco se sabe sobre as propriedades antimaláricas do próprio Yingzhaosu A. Este facto deve-se, em parte, ao isolamento problemático do composto a partir de fontes naturais. Além disso, a única síntese total publicada do Yingzhaosu A (**1**) é longa (15 passos) e pouco eficaz. [72,74]

Recentemente, foi desenvolvida no nosso laboratório uma metodologia para a síntese de compostos antimaláricos altamente activos do tipo **2** e **3**. Apresentamos agora uma extensão desta metodologia para uma nova e eficiente síntese total do Yingzhaosu A (**1**). A co-oxidação tiol-oxigénio do (S)-limoneno foi utilizada para introduzir a porção de peróxido com a formação concomitante do anel bicíclico na etapa inicial.[3c] Foi dada especial atenção à funcionalidade sensível do peróxido, na seleção das condições de reação para as etapas subsequentes.

Estas incluíram uma reação de Pummerer de alto rendimento, uma condensação de aldol do tipo Mukaiyama e uma hidrogenação diastereoselectiva.

CAPÍTULO 4

<u>CONCLUSÃO</u>

O ritmo a que a investigação sobre o quinino está a progredir conduzir-nos-ia certamente a um regime medicamentoso benéfico para o tratamento da malária. Mesmo que a utilização de quinino e dos seus sais ainda não seja predominante na Índia, está a ser desenvolvida uma investigação ativa sobre a cultura de tecidos, a atividade e a formulação de derivados potentes como o sulfato de quinino. A introdução da artemisinina e dos seus derivados, comparativamente mais potentes do que a cloroquina, a mefloquina, a quinina, etc., é um aspeto encorajador nesta área de aumento da resistência aos medicamentos no Plasmodium vivax em Mathura (U.P.) e os estudos como tal exigiriam a utilização destes medicamentos. Um estudo aprofundado sobre a terapia com múltiplos medicamentos, com quinina e óleo de artemisinina e outros medicamentos, pode diminuir a incidência do desenvolvimento de estirpes resistentes à quinina. Os estudos clínicos sobre os derivados mais potentes da artemisinina com baixas taxas de recrudescência e efeitos tóxicos e a sua formulação conduziriam a uma melhor utilização terapêutica destes compostos.

Os dados atualmente disponíveis sugerem que a formulação de suporte de sulfato de quinino e criptolas é eficaz e segura no tratamento da malária falciparum não complicada e complicada em adultos e crianças. Também é eficaz e segura no tratamento de pacientes infantis quando administrada como dose única em combinação com mefloquina, onde é possível que este regime de tratamento, se utilizado para adultos e crianças no início do curso das doenças ao nível da aldeia ou do domicílio, possa melhorar a saúde física e económica de uma comunidade e reduzir os custos para o sistema de cuidados de saúde, diminuindo as referências para hospitais de cuidados secundários e terciários.

Assim, com o aparecimento de resistência aos medicamentos nos regimes de tratamento, desenvolveram-se novos conceitos para combater a malária atualmente. O óleo de artemisinina e os seus derivados demonstraram ser eficazes no tratamento da malária faciparum resistente à cloroquina. A sua utilidade terapêutica também é maior, uma vez que pode ser utilizado eficazmente em combinação para melhorar a eficácia, por exemplo, com a mefloquina. Esta terapia medicamentosa atual, juntamente com estratégias de controlo vetorial e outros aspectos preventivos, pode constituir um meio eficaz de tratamento da malária cerebral. [73]

CAPÍTULO 5

<u>REFERÊNCIAS</u>

1. Mann J. Murder, magic and medicine (Assassinato, magia e medicina). 2a ed. Oxford: Oxford University Press; 2000.

2. Weinreb SM. Química: lições sintéticas do quinino. Nature 200; 411:429-43.

3. Raynes K. Bisquinoline antimalarials: their role in malaria chemotherapy. Int J Parasitol 1999; 29(3):367-79

4. . Zhang J, Krugliak M, Ginsburg H. O destino da ferriprotorfirina IX nos eritrócitos infectados com malária em conjunto com o modo de ação dos medicamentos antimaláricos. Mol Biochem Parasitol 1999; 99(1):129-41.

5. Olliaro P. Modo de ação e mecanismos de resistência dos medicamentos antimaláricos. Pharmacology and Therapeutics 2001; 89(2): 207-219.

6. Olliaro PL, Haynes RK, Meunier B, et al. Possíveis modos de ação dos compostos do tipo artemisinina. Tendências em Parasitologia 2001; 17(3):122-6.

7. Klayman DL. Qinghaosu (artemisinina): um medicamento antimalárico da China. Science 1985; 228(4703): 1049-55.

8. Famin O, Ginsburg H. Differential effects of 4-aminoquinoline- containing antimalarial drugs on hemoglobin digestion in plasmodium falciparum-infected erythrocytes. Biochemical Pharmacology 2002 ; 63(3):393-8.

9. Van Agtmael MA, Shan CQ, Qing JX, et al. Farmacocinética de doses múltiplas de artemeter em doentes chineses com malária falciparum não complicada. Int J Ant Agents 1999; 12(2):151-8.

10. Ridley RG. Medical need, scientific opportunity and the drive for antimalarial drugs. Nature 2002; 415 (6872):686-93.

11. Wongsrichanalai C, Pickard AL, Wernsdorfer WH, et al. Epidemiology of drug-resistant malaria (Epidemiologia da malária resistente aos medicamentos). Lancet Infectious Diseases 2002; 2(4): 209-18.

12. Bloland PB. Drug resistance in malaria. Genebra: Organização Mundial de Saúde; 2001.

13. Reed MB, Saliba KJ, Caruana SR, et al. Pgh1 modula a sensibilidade e a resistência a

múltiplos antimaláricos em Plasmodium falciparum. Nature 2000; 403(6772): 906-9.

14. Mockenhaupt FP. Resistência à mefloquina em Plasmodium falciparum. Parasitology Today 1995; 11(7): 248-53

15. Krogstad DJ, Gluzman IY, Kyle DE, et al. Efflux of chloroquine from Plasmodium falciparum: mechanism of chloroquine resistance. Science 1987; 238(4831): 1283-85.

16. Koehn FE, Carter GT. The evolving role of natural products in drug discovery. Nat Rev Drug Discov. 2005 Mar;4(3):206-20.

17. Goldman P. As plantas medicinais actuais e as raízes da farmacologia moderna. Ann Intern Med. 2001 Oct 16;135(8 Pt 1):594-600.

18. Engel LW, Straus SE. Desenvolvimento de terapêuticas: oportunidades no âmbito da medicina complementar e alternativa. Nat Rev Drug Discov. 2002 Mar;1(3):229-37.

19. Klayman DL. Qinghaosu (artemisinina): um medicamento antimalárico da China. Science. 1985 maio 31;228(4703):1049-55

20. Jiang JB, Li GQ, Guo XB, Kong YC, Arnold K. Antimalarial activity of mefloquine and qinghaosu. Lancet. 1982 Aug 7;2(8293):285-8.

21. Ferreira, J. F. S. e Janick, J., (1996) Distribuição da Artemisinina em Artemisia annua. In: J. Janick (ed.). Progress in new crops. ASHS Press, Arlington, VA. pp. 579-584.

22. Duke, S. O., Vaughn, K. C., Croon, E. M. Jr. e Elsohly, H. N., (1987) A artemisinina, um constituinte do absinto anual (Artemisia annua), é uma fitotoxina selectiva. Weed Science (35) pp. 499-505.

23. Chen, P. K., Leather, G e Polatnick, M. (1991) Comparative study on artemisinin, 2,4-D and glyphosphate. Journal of Agricultural Food Chemistry (39) pp. 991-994.

24. S. C. Vonwiller, R. K. Haynes, G. King, H. J. Wang. (1993) Um método melhorado para o isolamento do ácido qinghao (artemisínico) de Artemisia annua. Planta Med. Lett (59) pp. 562-563.

25. Simon, J. E. et al. (1990) Artemisia annua L.: Uma promissora planta aromática e medicinal. In: J. Janick e J. E. Simon (eds.) Advances in new crops. Timber press, Portland, OR. pp. 522-526.

26. [254] Chevallier. A. The Encyclopedia of Medicinal Plants Dorling Kindersley. Londres 1996 ISBN 9-780751-303148

27. Gordon L. A Country Herbal. Devon, Inglaterra: Webb & Bower (Publishers) Ltd. 1980.

28. Blumenthal M, et. al. ed. The Complete German Commission E Monographs: Therapeutic Guide to Herbal Medicines. Austin: American Botanical Council, 1998.

29. British Herbal Pharmacopoeia (1996). Quarta edição. Comité Científico da British

Herbal Medicine Association, West Yorks, Inglaterra.

30. Jellin JM, Batz F, Hitchens K. Natural Medicines Comprehensive Database (Base de dados abrangente de medicamentos naturais). Terceira edição. Stockton, Califórnia: Therapeutic Research Faculty, 2000.

31. McGuffin M, et. al. American Herbal Product's Association's Botanical Safety Handbook. CRC Press. 1997.

32. Lueng AY, Foster S. Encyclopedia of Common Natural Ingredients Used in Foord, Drugs and Cosmetics. Segunda edição. Nova Iorque, NY: Wiley & Sons, 1996.

33. Gruenwald J, et.al. PDR for Herbal Medicines. Primeira edição. Montvale, NJ: Medical Economics Company, Inc., 1998.

34. Bisset NG. ed. Herbal Drugs and Phytopharmaceuticals (Medicamentos à base de plantas e produtos fitofarmacêuticos). Traduzido da Segunda Edição. Boca Raton: CRC Press, 1994.

35. Moerman, DE. American Medical Ethnobotany: A Reference Dictionary. Nova Iorque, NY: Garland Publishing. 1977.

36. Duke JA, et. al. Handbook of Medicinal Herbs (Manual de ervas medicinais). Segunda edição. Boca Raton, FL: CRC Press. 2002.]

37. Acton, N., D.L. Klayman, e I.J. Rollman. 1985. Ensaio eletroquímico redutor de HPLC para artemisinina (qinghaosu). Planta Med. 51:445-446.

38. Bailey, L.H. e E.Z. Bailey. 1976. Hortus third. MacMillan Publ. Co., Nova Iorque.

39. Bennett, M.D., J.B. Smith, e J.S. Heslop-Harrison. 1982. Nuclear DNA amounts in angiosperms. Proc. Royal Soc. London B 216:179-199.

40. Gray, A. 1884. Synoptical flora of North America. Vol. 1, Parte II. Smithsonian Institution, Washington, DC. Univ. Press, John Wilson and Son, Cambridge.

41. Hall, H.M. e F.E. Clements. 1923. The phylogenetic method in taxonomy. As espécies norte-americanas de Artemisia, Chrysothamnus e Atriplex. Carnegie Inst. Wash, Washington.

42. He, X-C., M-Y. Zeng, G-F. Li, e Z. Liang. 1983. Indução de calos e regeneração de plântulas de Artemisia annua e alterações do conteúdo de qinghaosu. Ata Bot. Sin. 25:87-90.

43. Jaziri, M., K. Shimomura, K. Yoshimatsu, M.-L. Fauconnier, M. Marlier, e J. Homes. 1995. Estabelecimento de culturas de raízes normais e transformadas de Artemisia annua L. para a produção de artemisinina. J. Plant Physiol. 145:175-177.

44. Jha, J., T.B. Jha, e S.B. Mahato. 1988. Cultura de tecidos de Artemisia annua L.: Uma fonte potencial de um medicamento antimalárico. Curr. Sci. 57:344-346.

45. Kim, N-C., J-G. Kim, H-J. Lim, T-R. Hahn, e S-U. Kim. 1992. Produção de metabolitos

secundários por cultura de tecidos de Artemisia annua L. J. Korean Agr. Chem. Soc. 35:99-105.

46. Klayman, D.L. 1989. Weeding out malaria. Nat. Hist. Out.:18-26.

47. Klayman, D.L. 1993 Artemisia annua: De erva daninha a planta antimalárica respeitável. p. 242-255. In: A.D. Kinghorn e M.F. Balandrin (eds.), Human Medicinal Agents from Plants. Am. Chem. Soc. Symp. Series. Washington, DC.

48. Laughlin, J.C. 1995. A influência da distribuição de constituintes antimaláricos em Artemisia annua L. na altura e no método de colheita. Ata Hort. 390:67-73.

49. Liersch, R., H. Soicke, C. Stehr, e H-U. Tullner. 1986. Formação de artemisinina em Artemisia annua durante um período de vegetação. Planta Med. 52:387-390.

50. [1] F. Chittendon. RHS Dictionary of Plants plus Supplement. 1956 OxfordUniversityPress1951
Listagem exaustiva de espécies e como cultivá-las. Um pouco desatualizado, foi substituído em 1992 por um novo dicionário (ver [200]).

51. [43] Fernald. M. L. Gray's Manual of Botany. American Book Co. 1950
Um pouco desactualizada, mas com uma boa e concisa flora da parte oriental da América do Norte.

52. [176] Yeung. Him-Che. Handbook of Chinese Herbs and Formulas. Instituto de Medicina Chinesa, Los Angeles 1985 Um muito bom manual de ervas chinesas.

53. [178] Stuart. Rev. G. A. Chinese Materia Medica. Taipei.   Centro de Materiais do Sul
Uma tradução de uma antiga erva chinesa. Fascinante.

54. [200] Huxley. A. The New RHS Dictionary of Gardening. 1992. MacMillan Press 1992 ISBN 0-333-47494-5 Excelente e muito completo, embora contenha uma série de erros disparatados. De fácil leitura, mas também muito pormenorizado.

55. [218] Duke. J. A. e Ayensu. E. S. Medicinal Plants of China Reference Publications, Inc. 1985 ISBN 0-917256-20-4 Detalhes de mais de 1.200 plantas medicinais da China e breves pormenores sobre as suas utilizações. Inclui frequentemente uma análise ou, pelo menos, uma lista de constituintes. É um livro pesado para quem não está interessado no assunto.

56. [233] Thomas. G. S. Perennial Garden Plants J. M. Dent & Sons, London. 1990 ISBN 0460860488
Um guia conciso para uma vasta gama de plantas perenes. Muitos guias de cultivo, muito pouco sobre a utilização das plantas

57. Lust, J. (2005) "The Herb Book" p.604

58. Cardini, F., e W. X. Huang. JAMA 280(18): 1580-1584, novembro de 1998

59. Neri, I., et al. Journal of the Society for Gynecological Investigation 9(3): 158-162, maio-junho de 2002

60. Neri, I., et al. Journal of Maternal-Fetal and Neonatal Medicine 15(4): 247-252

61. Cardini, F., et al. BJOG 112(6): 743-747, junho de 2005

62. Silva O, Duarte A., Cabrita J, Pimentel M, Diniz A, Gomes E. Atividade antimicrobiana de remédios tradicionais da Guiné-Bissau. J Ethnopharmacol 1996;50:55-59.

63. Sofowora A. Medicinal Plants and Traditional Medicine in Africa (Plantas medicinais e medicina tradicional em África). John Wiley and Sons. Chichester; 1982. p 221-3.

64. Boye GL, Ampofo O. Medicinal Plants in Ghana (Plantas medicinais no Gana). In: Wagner e Farnsworth NR, editores. Economic and Medicinal Plants Research. Vol. 4. Plants and Traditional Medicine (Plantas e Medicina Tradicional). Londres: Academic Press; 1990. p 32-3.

65. Oliver-Bever BEP. Medicinal Plants in Tropical West Africa. Cambridge: Cambridge University Press; 1986. p. 18, 41, 131, 205.

66. Tona L, Kambu K, Ngimbi N, Cimanga K, Vlietinck AJ. Triagem anti-amebiana e fitoquímica de algumas plantas medicinais congolesas. J. Ethnopharmacol 1998;61:57-65.

67. . Bierer DE, Fort DM, Mendez CD, et al. Descoberta etnobotânica das propriedades anti-hiperglicémicas da criptolepina: o seu isolamento da Cryptolepis sanguinolenta, síntese e actividades in vitro e in vivo. J Med Chem 1998;41: 894-901.

68. Bamgbose SOA, Noamesi, BK. Estudos sobre a criptolepina II: Inibição do edema induzido por carragenina pela criptolepina. Planta Med 1981;41:392-6.

69. Boakye-Yiadom K, Herman Ackah SM. Cloridrato de criptolepina: Efeito sobre Staphylococcus aureus. J Pharmaceut Sci 1979;68:1510-4.

70. Bachi, M. D.; Korshin, E. E. Synlett **1998**, 122.

71. Bachi, M. D.; Hoos, R.; Korshin, E. E.; Szpilman, A. M. J. Heterocycl. Chem. **2000**, 37, 639.

72. http://www.chem.ox.ac.uk/mom/quinine/Quinine.htm

73. http://www.rain-tre e .com/quinine. htm

Printed by Books on Demand GmbH, Norderstedt / Germany